安徽省高等学校"十二五"规划教材
高职高专规划教材
◎农林与生物系列◎

园林制图与识图

主　编　戴启培

副主编　徐　宁

编　者（以姓氏笔画为序）

汤士勇（滁州职业技术学院）

陈　羽（安徽林业职业技术学院）

邹　骅（芜湖市绿丰园林建设工程有限公司）

李　杰（深圳大观园林景观设计有限公司）

李　艳（池州职业技术学院）

李海霞（池州职业技术学院）

胡海峰（安庆职业技术学院）

徐　宁（池州职业技术学院）

戴启培（池州职业技术学院）

北京师范大学出版集团
BEIJING NORMAL UNIVERSITY PUBLISHING GROUP
安徽大学出版社

图书在版编目(CIP)数据

园林制图与识图 / 戴启培主编. —合肥:安徽大学出版社,2015.8
高职高专规划教材. 农林与生物系列
ISBN 978-7-5664-0983-6

Ⅰ. ①园… Ⅱ. ①戴… Ⅲ. ①造园林－制图－高等职业教育－教材②造园林－识图－高等职业教育－教材 Ⅳ. ①TU986.2

中国版本图书馆 CIP 数据核字(2015)第 167661 号

园林制图与识图

戴启培 主编

出版发行:	北京师范大学出版集团 安 徽 大 学 出 版 社 (安徽省合肥市肥西路3号 邮编230039) www.bnupg.com.cn www.ahupress.com.cn
印　　刷:	合肥添彩包装有限公司
经　　销:	全国新华书店
开　　本:	184mm×260mm
印　　张:	16
字　　数:	389 千字
版　　次:	2015 年 8 月第 1 版
印　　次:	2015 年 8 月第 1 次印刷
定　　价:	35.00 元

ISBN 978-7-5664-0983-6

策划编辑:李 梅 武溪溪		装帧设计:李 军	
责任编辑:武溪溪		美术编辑:李 军	
责任校对:程中业		责任印制:赵明炎	

版权所有　侵权必究

反盗版、侵权举报电话:0551－65106311
外埠邮购电话:0551－65107716
本书如有印装质量问题,请与印制管理部联系调换。
印制管理部电话:0551－65106311

前 言

"园林制图与识图"是高职园林类专业的一门专业核心课程。本课程与"园林手绘表现"、"园林计算机制图"一起构成园林制图与表现的主要内容,其作用是让学生从整体上掌握园林专业所需的制图知识与技能,使学生掌握尺规作图的能力,并能依据国家标准与规范阅读园林方案图、园林扩初图和园林工程施工图,能绘制园林设计图和园林工程施工图。

本书紧紧围绕"如何将学生培养成为技术技能型人才"这一问题,改变原有的学科教材结构,基于工作任务需要和工作岗位要求进行项目化教学改革,打破原有的以知识传授为主要特征的教学模式,以基础知识和原理够用为度,以实用为原则,以培养学生制图能力和识图能力为主线,充分发挥学生的主体意识,以学生成才作为评价教材改革成功与否的刚性标准。

本书以园林工作岗位的实际需要为教学主线,以工作过程中需要的图纸识读与绘制来组织教材内容,从符合认知规律的角度,把学生所需的岗位能力分为11个项目进行讲解。戴启培教授担任本书主编并负责全书统稿工作;徐宁老师负责初稿审定、习题编写和校对工作。第一次课和项目6由戴启培老师编写,项目1和项目7由胡海峰老师编写,项目2由陈羽、徐宁老师编写,项目4和项目8由汤士勇老师编写,项目3和项目11由李海霞老师编写,项目5、项目9、项目10由李艳老师编写。全书工程类图纸由邹骅、李杰等企业界人士提供。本书可作为高职园林技术、园林工程技术、园艺技术、环境艺术设计等专业的教材,也可作为成人教育相关专业的教材。

本书在编写过程中得到多方面的帮助与援助。编者参阅了大量同仁撰写的教材与文献,未能在书中全部列出,在此一并表示感谢!本书的编写工作得到了池州职业技术学院许信旺教授、管志忠教授等多位专家的指导,在此表示衷心的感谢!

由于编者水平有限,时间仓促,错误和不足之处在所难免,欢迎各位读者提出宝贵的建议。

编 者
2015年7月

目　录

第一次课　初识园林与园林图 …………………………………………………… 1
项目1　园林尺规作图基本技能 ……………………………………………………… 7
　　项目1-1　常用制图工具识别与使用 ………………………………………… 7
　　项目1-2　基本制图规范 ……………………………………………………… 11
　　项目1-3　常用符号和图例的绘制 …………………………………………… 21
　　项目1-4　园林平面图绘制的基本方法 ……………………………………… 30
项目2　园林形体、要素平面图和立面图的表现 …………………………………… 34
　　项目2-1　园林基本形体平面图和立面图的识读与绘制 …………………… 34
　　项目2-2　园林要素平面图和立面图的识读与绘制 ………………………… 44
项目3　园林剖面图和断面图的绘制 ………………………………………………… 69
项目4　园林总平面图的识读与绘制 ………………………………………………… 78
项目5　园林植物种植图的识读与绘制 ……………………………………………… 83
项目6　园林竖向设计图的识读与绘制 ……………………………………………… 88
项目7　园林建筑图的识读与绘制 …………………………………………………… 96
项目8　假山、驳岸、园路施工图的识读与绘制 …………………………………… 123
项目9　园林效果图的绘制 …………………………………………………………… 130
项目10　园林方案设计图的综合识读 ……………………………………………… 142
项目11　园林扩初图和施工图的综合识读 ………………………………………… 153
　　项目11-1　园林扩初图的综合识读 ………………………………………… 153
　　项目11-2　园林施工图的综合识读 ………………………………………… 174
附录 ……………………………………………………………………………………… 181
　　一、《总图制图标准》(GB/T50103—2010)(节选) ………………………… 181
　　二、《风景园林图例图示标准》(CJJ 67—1995) …………………………… 186
　　三、《房屋建筑制图统一标准》(GB/T50001—2010)(节选) ……………… 203
参考文献 ………………………………………………………………………………… 209

第一次课
初识园林与园林图

教学目标

能力目标：
1. 能说出通过学习本书可获得的能力。
2. 能说出园林行业的就业岗位与课程的关系。

知识目标：
1. 掌握园林的基本语言表示方法。
2. 了解通过学习本书可获得的能力。
3. 了解学习本书的方法。
4. 了解本书与后续课程的关系。

一、园林与园林图

专业技术人员通过设计，在场地内进行地形、水体改造，安排适当的建筑、合理的道路，以及栽植植物而形成的具有游憩和景观功能的场所，即为园林。

用图纸的形式表现园林的设计效果、现状效果，或作为指导施工的详细文件，即为园林图。园林图包括园林设计图(图0-1，图0-2)、园林施工图(图0-3)、园林竣工图等。

二、通过学习本书可获得的能力

通过对本书内容的学习，应能获得下列基本能力：
(1)识读园林方案设计图、园林扩初设计图、园林工程施工图和园林工程竣工图。
(2)手工绘制园林平面图、园林立面图和园林效果图。

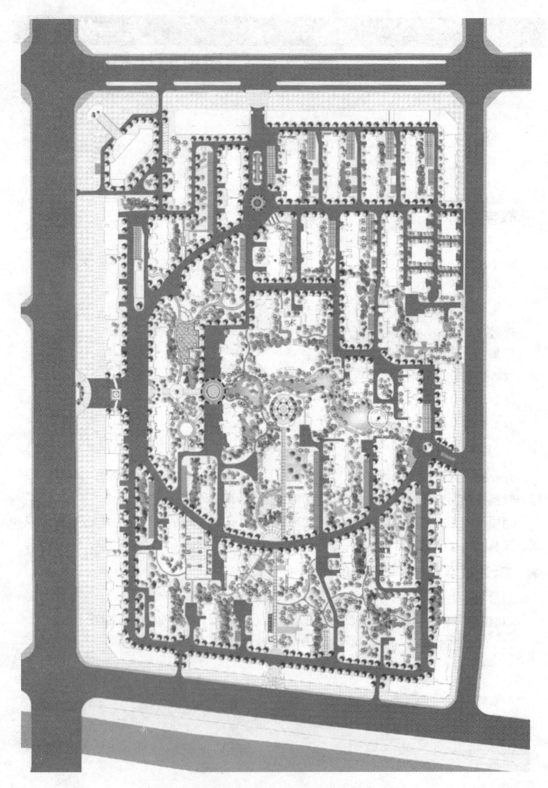

图 0-1 园林设计总平面图

图 0-2 园林设计效果图

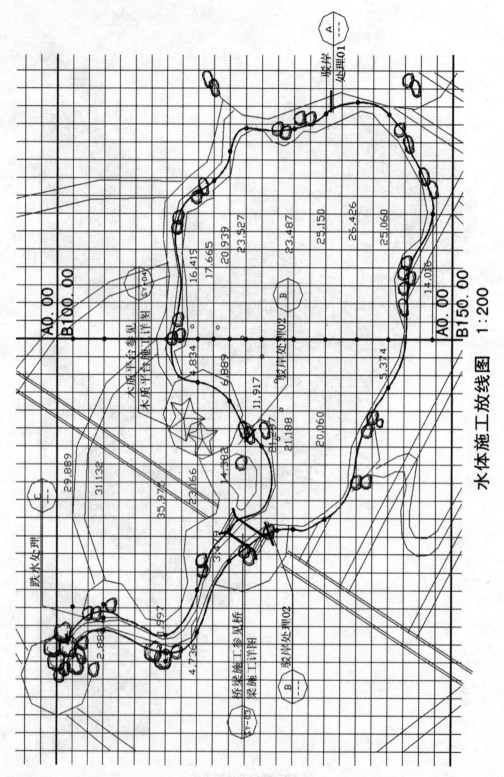

图 0-3　园林工程施工图(原图比例 1∶200,本图有缩放,全书其他图纸均与此图一样有缩放)

三、园林各岗位与本书知识点的关系及课程能力目标

表 0-1　园林各岗位与本书知识点的关系及课程能力目标

对应岗位	初始岗位	通用技能	应会技能
中小型绿地设计（设计师）	绘图员	精通园林制图的规范标准；会识读园林方案图、园林扩初设计图、园林工程施工图等与园林工程相关的全套图纸；能根据目录和索引图快速找寻所需图纸	熟练绘制各类园林图纸；熟练绘制园林简易效果图和鸟瞰图，精通轴测图和透视图的制作方法
	方案设计员		熟练绘制方案阶段各类图纸，精通方案阶段图纸所含内容
	施工图设计员		熟练绘制扩初图和环境施工图、建筑施工图，能识读结构施工图与水电施工图，精通施工图识图步骤和施工图所含内容
	植物配置员		熟练绘制植物种植设计图各阶段图纸，精通植物图例标准与绘制技法
园林工程施工管理（项目经理）	施工员		熟练识读园林工程扩初图和施工图，能正确运用索引图快速找到所需图纸，能根据施工图绘制竣工图
	资料员		熟练识读园林工程扩初图和施工图，能正确运用索引图快速找到所需图纸，能根据施工图编制工程资料
	监理员		熟练识读园林工程施工图，能正确运用索引图快速找到所需图纸，能根据图纸判断施工方作业的质量优劣
	施工组织管理		熟练识读施工图，总结出工程特点，制定合理的工程施工方案
园林工程经济管理（园林造价师）	造价员		熟练识读施工图，计算工程量
	决算员		熟练识读施工图，结合竣工图计算工程决算清单
园林养护管理	养护技术员		能识读图纸，根据图纸找到对应的养护区域，并进行整改与养护

根据对上述表格的分析，通过本课程的学习，读者应能运用制图标准和规范，绘制园林平面图、园林立面图、园林地形图及简单的园林效果图，识读复杂的整体效果图，初步掌握园林方案设计图、园林扩初图和施工图纸所含的内容及三者的区别和联系，阅读园林设计三个阶段的图纸，为后续专业课程的学习奠定良好的基础。

四、学习本书内容的方法

园林图是园林设计、园林工程施工、监理等所有园林行业的规范化语言，从业者必须养成严谨细致、一丝不苟的工作习惯。习惯的养成必须从学习阶段开始，本书内容有着严格的

标准与规范，要求学生在学习本书内容时养成严谨的学习态度。

(1)多看、多思考、多动手，平时多注意观察周边的绿地与园林建筑、校园建筑，积累感性认识。

(2)从易到难，由简及繁，独立完成各个训练项目。

(3)坚持按规定作图，保证规范性、标准性及准确性，提高作图效率。

(4)多培养空间想象力，掌握现状与投影之间的相互关系。

五、相关参考资料

园林图与建筑图不同，前者涉及植物、水体、山石、建筑等多个要素的表现，因此，在学习本书时，需要了解与熟悉的相关标准较多，建议读者准备下列学习资料：

(1)《房屋建筑制图统一标准》(GB/T50001—2010)(以下简称"《房建规范》")。

(2)《风景园林图例图示标准》(CJJ 67—1995)(以下简称"《园林标准》")。

(3)《总图制图标准》(GB/T50103—2010)(以下简称"《总图标准》")。

项目 1
园林尺规作图基本技能

项目 1-1　常用制图工具识别与使用

项目描述

通过学习本项目内容,了解制图工具的特点及类型,掌握常用制图工具的使用方法,并绘制园林绿化图。

任务描述

熟练掌握各种制图工具的使用方法,并能够利用制图工具精确、快速地完成制图工作。

教学目标

能力目标:
熟练掌握各类制图工具的使用方法。
知识目标:
能说出各类制图工具的作用、特点及使用方法。

项目支撑知识链接

链接 1　常用制图工具及其使用方法

常用制图工具是园林图纸绘制的重要用品,学习园林制图时必须掌握各种常用工具的使用方法,这样才能保证绘图质量,加快绘图速度。

1. 图板

图板,又称"绘图板",是用作图纸的垫板,专门用来固定图纸的长方形案板,一般四周用硬木做成边框,然后双面镶贴胶合板形成板面,要求板面平整光滑、软硬适度。图板的左边为工作边,要求平直、光滑,以便使用丁字尺,如图 1-1 所示。

由于图板是木制品,所以不可水洗与曝晒,使用后要妥善保存,以免翘曲变形,亦不可用刀具或硬质器具在图板上任意刻划。

常用绘图板的规格有 0 号、1 号、2 号等,图板规格一般与绘图纸张的规格相参照,在使用过程中可以根据图纸幅面的需要选择图板。

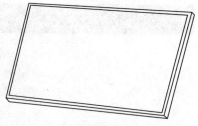

图 1-1　图　板

2. 丁字尺

丁字尺,又称"T 形尺",由相互垂直的尺头和尺身两部分组成,尺身上有刻度的一边为工作边,工作边必须平直。丁字尺一般采用透明有机玻璃制成,分为 600mm、900mm 和 1200mm 三种规格。

丁字尺主要用于画水平线,并可与三角板配合绘制垂直线及 15°角倍数的倾斜线。使用丁字尺时,左手扶住尺头,使它紧靠图板左边的工作边,然后上下推动至尺身工作边,对准画线位置,按住尺身,自左向右、自上而下逐条绘出,如图 1-2 所示。

一般要求丁字尺的尺身平整、工作边平直、刻度清晰准确,因此,一定要保护丁字尺的工作边,不能用小刀靠近尺身边切割纸张。丁字尺不用时应挂放或平放,不能斜倚放置或加压重物,以免尺身变形。

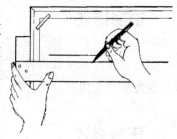

图 1-2　丁字尺

3. 三角板

三角板由两锐角都为 45°和两锐角分别为 30°和 60°的两块直角三角形板组成。三角板与丁字尺配合使用,可自上而下画垂直线和 15°角倍数的斜线。绘制直线时,将三角板的一直角边紧靠画线的右边,另一直角边紧靠丁字尺的工作边,然后左手按住尺身和三角板,右手持笔自下而上地画线,如图 1-3 所示。

4. 比例尺

比例尺是在画图时按比例量取尺寸的工具,尺上刻

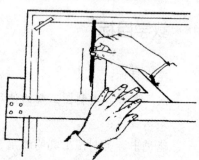

图 1-3　丁字尺与三角板配合

有几种不同比例的刻度,可直接用它在图纸上绘出物体按该比例的实际尺寸,不需计算。常见的比例尺有三棱尺和比例直尺,三棱尺上有 6 种不同的比例刻度,可根据需要选用,如图 1-4 所示。

比例尺仅用来度量尺寸,不得用来画线,尺的棱边应保持平直,以免影响使用。

5. 曲线板

曲线板是用来描绘各种非圆曲线的专用工具,样式很多,曲率大小也不同,如图 1-5

所示。

图1-4 比例尺

图1-5 曲线板

6. 圆规

圆规是用来画图及圆弧的工具。它与分规形状相似，常用的是组合圆规。圆规一般配有3种插腿：铅笔插腿（画铅笔圆用）、直线笔插腿（画墨线圆用）和钢针插腿（可代替分规用）。画大圆时，可在圆规上接一个延伸杆，以扩大圆的半径，如图1-6所示。

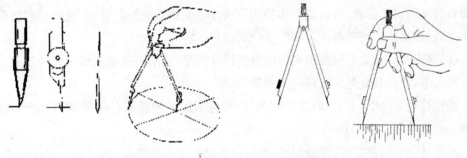

图1-6 圆 规　　　　　图1-7 分 规

画圆时，应先调整针脚，使针尖稍长于铅笔芯或直线笔的笔尖，设定好半径值，对准圆心，然后用右手转动圆规手柄，并使圆心略向旋转方向倾斜，沿顺时针方向从右下角开始画圆，画圆或圆弧应一次性完成。

7. 分规

分规是用来等分线段和量取线段的工具。分规的形状与圆规相似，不同的是它的两腿均装有钢针，使用时两针尖必须平齐，如图1-7所示。

8. 绘图用笔

（1）铅笔。绘图用的铅笔应选择专用的绘图铅笔，铅笔的笔芯软硬用字母B和H表示：B表示软芯铅笔，分别有B、2B……数字越大，表示越软；H表示硬芯铅笔，分别有H、2H……数字越大，表示越硬；HB表示软硬适中。绘制底稿时一般采用HB或H铅笔，描黑底稿时一般采用B或2B铅笔。

铅笔通常应削成锥形或扁平形，铅芯长6～8mm。注意：铅笔应从没有软硬标记的一端开始使用，以便保留该标记。

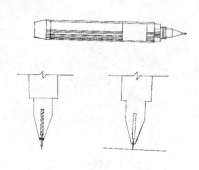

图 1-8 针管笔

图 1-9 马克笔

(2)绘图墨水笔(针管笔)。绘图墨水笔是上墨、描图用的绘图笔,传统针管笔除笔尖是钢管针且内有通针外,其余部分的构造与普通钢笔基本相同,如图1-8所示。笔尖内径为0.1~1.2mm,分为多种型号,选用不同型号的针管笔即可画出不同线宽的墨线。绘图墨水笔在使用时必须选用专用绘图墨水,使用后要用清水及时把针管冲洗干净,以防堵塞。因为传统针管笔不易于保养,所以现在多使用一次性尼龙材质笔头针管笔,这种新型针管笔具有易于保养、出水均匀流畅的优点,并且可以长时间使用。

(3)马克笔。马克笔通常用来快速表达设计构思,能用来迅速地显示设计效果。它分为水性马克笔、油性马克笔和酒精性马克笔,如图1-9所示。

油性马克笔快干、耐水、耐光性相当好,颜色多次叠加后不会伤纸,而且柔和,也是最常用的一类马克笔。

水性马克笔颜色亮丽,有透明感,但颜色多次叠加后会变灰,而且容易损伤纸面。另外,用沾水的笔在纸上涂抹,效果与水彩类似。

酒精性马克笔可在任何光滑的表面上书写,速干、防水、环保,可用于绘图、书写、记号等。

(4)彩铅。彩铅一般可分为蜡质彩铅和水溶性彩铅,实际应用中多使用水溶性彩铅。水溶性彩铅具有着色方便、色效均匀的特点,如果配合清水使用,还能达到类似水彩画的效果,比较适合画建筑物和速写,如图1-10所示。

图 1-10 彩 铅

链接 2 设计师经验知识

(1)应该注意维护、保养制图工具,这样才能保证绘图质量和速度。

(2)掌握不同绘图笔的使用方法。如用油性马克笔绘图时,应尽量避免线条的重复勾勒,以免造成纸张破损。在绘画结束后,一定要给予比较充足的干燥时间,勿用手去触摸。

(3)彩铅适用于大面积上色,马克笔则适用于重点部位的刻画。

课外实训项目

模拟角色:园林设计人员。
实训任务:利用基本制图工具正确绘制庭院景观布置图。
案例图纸:见案例图纸 1-1 或由授课教师提供。
项目成果内容:庭院景观布置图一幅。
成果文件编制要求:
(1)用 A3 图纸绘制。
(2)要求图面整洁,线条清晰流畅,字体规范。
思考题:
如何在绘图过程中正确使用各种制图工具?如何在保持图面整洁的前提下,尽可能快速地完成制图工作?

项目 1-2　基本制图规范

项目描述

通过绘制园林图纸,了解园林图纸的幅面规格、图线、字体、比例以及《房屋建筑制图统一标准》(GB/T50001—2010)中的制图规范。

任务描述

学习园林图纸的制图规范。

教学目标

能力目标:
能正确绘制各种幅面的图纸,书写图纸内的文字及相关图例,使用各种符号进行标注。
知识目标:
能掌握图纸幅面规格、图框尺寸、图线、字体、比例等图纸绘制的基本要素。

项目支撑知识链接

链接 1　图纸幅面规格
图纸规范:图纸幅面及图框尺寸应符合表 1-1 中的格式(注意:图纸的短边尺寸不应加

长，A0～A3 幅面长边尺寸可加长，但应符合表中相关规定）。

表1-1　幅面及图框尺寸(mm)

尺寸代号	幅面代号				
	A0	A1	A2	A3	A4
$b \times l$	841×1189	594×841	420×594	297×420	210×297
c	10			5	
a	25				

图纸中应有标题栏、图框线、幅面线、装订边线和对中标志。图纸的标题栏及装订边线的位置应符合下列规定：

(1)立式使用的图纸应按图1-11的形式进行布置。

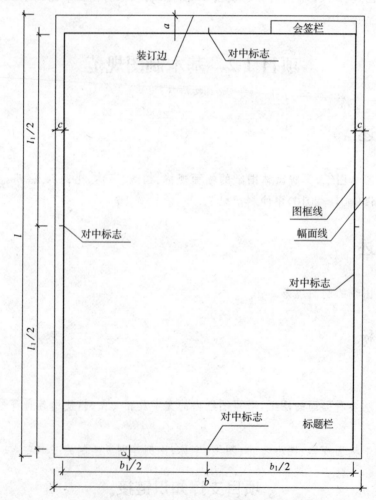

图1-11　A0～A4图纸立式幅面

(2) 横式使用的图纸应按图 1-12(a)、图 1-12(b)的形式进行布置。

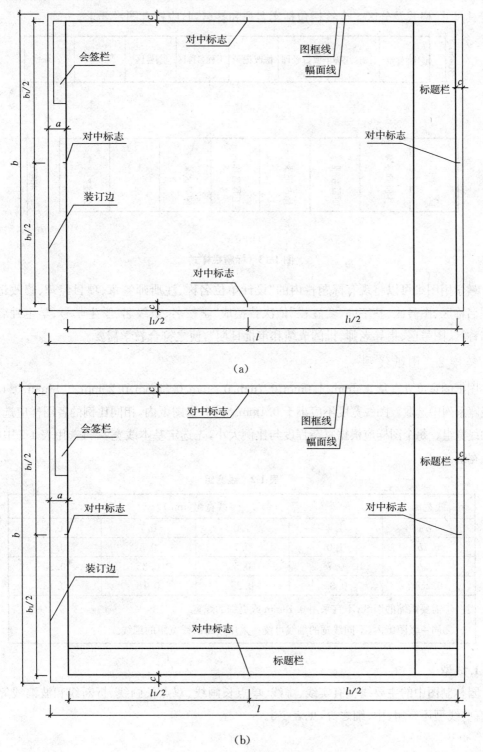

(a)

(b)

图 1-12　A0～A3 图纸横式幅面

(3)标题栏和会签栏。标题栏应按图1-13(a)和图1-13(b)所示,根据工程的需要选择并确定其尺寸、格式及分区。会签栏包括实名列和签名列,应符合图示要求。

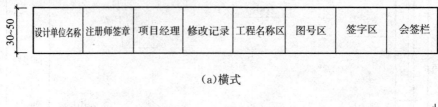

图1-13 标题栏样式

教学用图纸可以将现有标题栏内的"设计单位名称、注册师签章、项目经理、修改记录、工程名称区、图号区、签字区、会签栏"依次替换成"学校名、班级名、学生学号、学生姓名、工程名称区、图号区、指导老师、批阅成绩和审批日期",使之符合教学需要。

链接2 图纸线型

图纸的宽度 b 宜从1.4mm、1.0mm、0.7mm、0.5mm、0.35mm、0.25mm、0.18mm、0.13mm等线宽系列中选取。图线宽度不应小于0.1mm。同一张图纸内,相同比例的各图样应选用相同的线宽组。每个图样应根据复杂程度与比例大小,先选定基本线宽 b,再选用表1-2中相应的线宽组。

表1-2 线宽组

线宽比	线宽组(mm)			
b	1.4	1.0	0.7	0.5
$0.7b$	1.0	0.7	0.5	0.35
$0.5b$	0.7	0.5	0.35	0.25
$0.25b$	0.35	0.25	0.18	0.13

注:①需要微缩的图纸,不宜采用0.18mm或更细的线宽。
②同一张图纸内,不同线宽的细线可统一采用较细的线宽组的细线。

1. 线型

园林制图中的主要线型有实线、虚线、单点长画线、双点长画线、折断线和波浪线等,其中,有些线型还有粗、中、细之分,见表1-3。

表 1-3　线型种类和作用

名称		线型	线宽	一般用途
实线	粗	———————	b	主要可见轮廓线
	中粗	———————	$0.7b$	可见轮廓线
	中	———————	$0.5b$	可见轮廓线、尺寸线、变更云线
	细	———————	$0.25b$	图例填充线、家具线
虚线	粗	- - - - - - -	b	见各有关专业制图标准
	中粗	- - - - - - -	$0.7b$	不可见轮廓线
	中	- - - - - - -	$0.5b$	不可见轮廓线、图例线
	细	- - - - - - -	$0.25b$	图例填充线、家具线
单点长画线	粗	—·—·—·—	b	见各有关专业制图标准
	中	—·—·—·—	$0.5b$	见各有关专业制图标准
	细	—·—·—·—	$0.25b$	中心线、对称线、轴线等
双点长画线	粗	—··—··—	b	见各有关专业制图标准
	中	—··—··—	$0.5b$	见各有关专业制图标准
	细	—··—··—	$0.25b$	假想轮廓线、成型前原始轮廓线
折断线	细	～	$0.25b$	断开界线
波浪线	细	∼∼∼	$0.25b$	断开界线

2. 图线的画法及注意事项

(1)同一张图纸内,相同比例的各图样应选用相同的线宽组。

(2)图纸的图框和标题栏线可采用表 1-4 中的线宽。

表 1-4　图框线、标题栏线的宽度(mm)

幅面代号	图框线	标题栏外框线	标题栏分格线
A0、A1	b	$0.5b$	$0.25b$
A2、A3、A4	b	$0.7b$	$0.35b$

(3)相互平行的图例线,其间隙或线中间隙宜各自相等。

(4)当在较小图形中绘制有困难时,单点长画线或双点长画线可用实线代替。

(5)单点长画线或双点长画线的两端不应是点。点画线与点画线交接点或点画线与其他图线交接时,应是线段交接,如图 1-14 中的 a 点。

(6)虚线与虚线交接或虚线与其他图线交接时,应是线段交接,如图 1-14 中的 b 点。虚线为实线的延长线时,不得与实线相接,如图 1-14 中的 c 点。

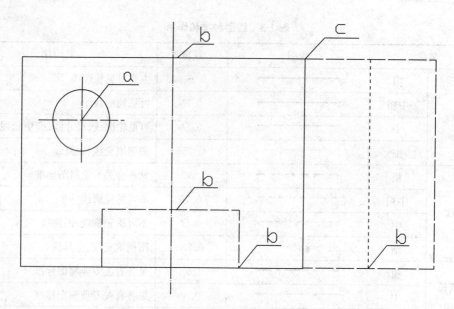

图 1-14 图线绘制方法示例

(7) 图线不得与文字、数字或符号重叠、混淆，不可避免时，应首先保证文字清晰。

链接 3 字体

1. 汉字

图样及说明中的汉字应采用长仿宋体，宽度与高度的关系应符合下面的规定：

(1) 长仿宋体的书写要领。书写长仿宋体时，要横平竖直、起落分明、粗细一致、钩长锋锐、结构均匀、充满方格。长仿宋体示例如图 1-15(a) 所示。

(2) 字高。常见字高有 3.5mm、5mm、7mm、10mm、14mm 和 20mm。

(3) 字宽。字宽应不小于 2.5mm。

2. 数字和字母

数字和字母在图样上的书写分正体和斜体 2 种，但同一张图纸上必须统一。阿拉伯数字、罗马数字和拉丁字母的字高宜比汉字字高小一号，但不应小于 2.5mm。

斜体字的斜度应从字的底线逆时针向上倾斜 75°，其高度与宽度应与相应的正体字相等，如图 1-15(b) 所示。

(a) 汉字采用国家正式公布的简化字，并采用长仿宋体

1234567890
AaBbCcDdEe

(b)字母、数字一般采用斜体字(逆时针向上倾斜75°)

图 1-15 字 体

链接 4 比例

园林制图中,通常不能按照实际尺寸绘制,需按照一定比例放大或缩小。比例的大小是指比值的大小,如 1∶50 大于 1∶100。比例宜注写在图名的右侧,字的基准线应取平,比例的字高宜比图名的字高小一号。

平面图 1∶100　　⑥ 1∶20

图 1-16 比例的注写

链接 5 尺寸标注

尺寸标注的组成包括尺寸界线、尺寸线、尺寸起止符号、尺寸数字等。

1. 线段的尺寸标注

尺寸界线应用细实线绘制,一般应与被注长度垂直,其一端应离开图样轮廓线不小于 2mm,另一端超出尺寸线 2~3mm,如图 1-17 所示。

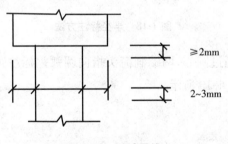

图 1-17 尺寸界线

(1)尺寸线应用细实线绘制,与被注长度平行。图样本身的任何图线均不得用作尺寸线。

(2)尺寸起止符号一般用中粗斜短线绘制,其倾斜方向应与尺寸界线成顺时针 45°角,长度宜为 2~3mm。半径、直径、角度与弧长的尺寸起止符号宜用箭头表示。

(3)图样上的尺寸应以尺寸数字为准,不得从图上直接量取。标注尺寸数字时,应按照下列规定:

①图样上尺寸数字除标高和总平面以米为单位外,均必须以毫米为单位,并可省略不写。

②尺寸数字一般应依据其方向注写在靠近尺寸线的上方中部,如没有足够的注写位置,最外边的尺寸数字可注写在尺寸线的外侧,中间相邻的尺寸数字可上下错开注写,也可引出

注写,引出线端部用圆点表示标注尺寸的位置。

③任何图线不得穿过尺寸数字,若不能避免,应将尺寸数字处的图线断开。互相平行的尺寸线,应从被注写的图样轮廓线由近向远整齐排列。尺寸标注依次是细部尺寸、轴线尺寸和总尺寸。

2. 半径、直径和球的尺寸标注

(1)半径的尺寸线应一端从圆心开始,另一端画箭头指向圆弧。半径数字前应加注半径符号"R",如图1-18(a)所示。较大圆弧的半径可按图1-18(b)所示的形式标注;较小圆弧的半径可按图1-18(c)的形式标注。

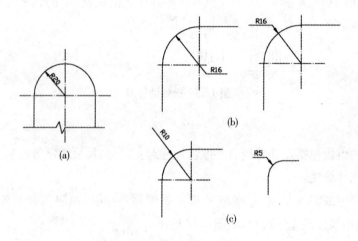

图 1-18 半径标注方法

(2)直径的尺寸线应通过圆心,两端画箭头指向圆弧。标注圆的直径尺寸时,直径数字前应加直径符号"Φ",如图1-19所示。

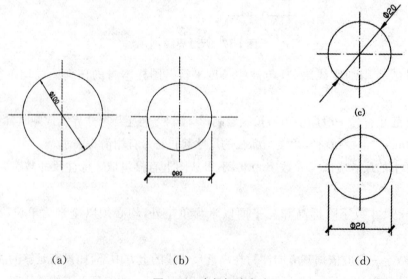

图 1-19 直径标注方法

3. 角度、弧度、弧长的标注

(1)角度的尺寸线应用圆弧表示。圆弧的圆心应是该角的顶点,角的两条边为尺寸界线。起止符号应用箭头表示,如没有足够位置画箭头,可用圆点代替,角度数字应沿尺寸线方向注写。

(2)标注圆弧的弧长时,尺寸线应用与该圆弧同心的圆弧线表示,尺寸界线应指向圆心,起止符号用箭头表示,弧长数字上方应加注圆弧符号"⌒"。

(3)标注圆弧的弦长时,尺寸线应以平行于该弦的直线表示,尺寸界线应垂直于该弦,起止符号用中粗斜短线表示。

4. 坡度标注

坡度常用百分数、比例或比值表示。标注坡度时,在坡度数字下应加注坡度符号,如图 1-20 所示。

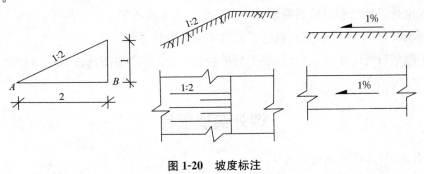

图 1-20　坡度标注

注意:坡度=两点间的高度差(通常为 1)/两点间的水平距离;坡度平缓时,可用百分数表示,箭头表示下坡方向。

5. 标高标注

(1)标高符号用直角等腰三角形表示。标高的单位为米,注写到小数点以后第三位,图上单位可不必注明。

(2)零点标高注写为"±0.000",正数标高前不加"+",负数标高前一定要加"-"。

(3)总平面图的室外地平标高符号宜用涂黑的三角形表示,如图 1-21(a)所示。

(4)标高符号的尖端应指向被注高度的位置,宜向下,也可向上。标高数字应注写在标高符号的上侧或下侧,如图 1-21(b)所示。

(5)水面高程(水位)符号同立面高程符号,在水面线以下绘 3 条线,如图 1-22 所示。

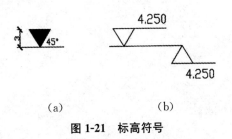

(a)　　　　(b)

图 1-21　标高符号

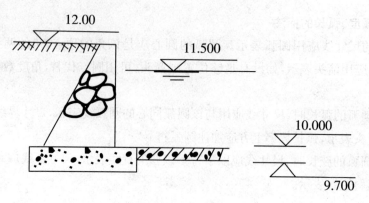

图 1-22　水面标高

链接6　设计师经验知识

(1)规范是正确绘制图纸的基础,因此,要牢记基本制图规范。

(2)制图时,一定要严格按照制图规范的要求来绘制图纸。

(3)平时坚持使用规范,达到熟能生巧的程度,这是提高作图速度和准确性的最重要的手段和方法。

课外实训项目

模拟角色:园林设计绘图人员。

实训任务:正确绘制A3幅面的图框,并在其内部绘制牌坊底平面图,要求文字、比例、标注等使用正确。

案例图纸:见案例图纸1-2或由授课教师提供。

项目成果内容:牌坊底平面图。

成果文件编制要求:

(1)用A3图纸绘制。

(2)图纸中各项标注和绘制正确,字体规范。

思考题:

(1)国家标准中是如何规定标准图纸图幅的代号和规格的?

(2)尺寸标注的要点有哪些?

项目 1-3　常用符号和图例的绘制

项目描述

通过本项目的学习,能够认识园林制图中常用符号和图例的组成及其作用,初步掌握园林制图中各种符号、图例的标准与绘制方法。

任务描述

识读各类园林制图图纸,完成各类图纸的符号和图例的识别实训任务,能识别及绘制常用图例和符号。

教学目标

能力目标:

能识别与绘制各种常用图例和符号,并掌握其作用。

知识目标:

1. 熟悉各种制图符号和图例的表示方法。
2. 了解剖面图和断面图的绘制方法。

为了便于识图、绘图和进行技术交流等,必须对图样的画法等有一个统一的标准。本项目主要介绍园林制图中常用符号和图例的绘制方法,以及一些园林绿化植物平面图、立面图和园林小品平面图、立面图、剖面图的画法。

项目支撑知识链接

链接 1　常用制图符号和图例的作用

制图符号与图例是园林图纸的重要组成部分,通过这些符号和图例,能够更准确、详实地掌握图纸各方面的内容,如工程标高、尺寸标注、剖切位置等。

链接 2　常用符号和图例类型

1. 索引符号的说明与图样

在绘图时,图样中的某一局部或构件需要有更详细的局部图,应用索引符号来索引,同时,也可用于查阅详图的详细标注与说明内容。索引符号由直径为 8~10mm 的圆和水平直径线组成。水平直径线将圆分为上下两半,上方注写详图的编号,下方注写详图所在图纸上的编号,如图 1-23(a)所示。

(1)索引出的详图如与被索引的详图同在一张图纸内,应在索引符号的上半圆中用阿拉伯数字注明该详图的编号,在下半圆中间画一段水平细实线,如图 1-23(b)所示。

(2)索引出的详图如与被索引的详图不在同一张图纸内,应在索引符号的上半圆中用阿拉伯数字注明该详图的编号,在下半圆中用阿拉伯数字注明该详图所在图纸的编号,如图 1-23(c)所示。数字较多时,可加文字标注。

(3)索引出的详图如采用标准图,应在索引符号水平直径的延长线上加注该标准图册的编号,如图 1-23(d)所示。需要标注比例时,文字写在索引符号右侧或延长线下方,与符号对齐。

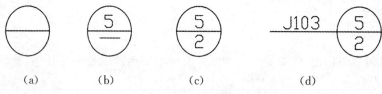

图 1-23 详图索引

(4)索引符号如用于索引图样局部剖面或断面详图时,应在被剖切的部位绘制剖切位置线,并用引出线引出索引符号,引出线所在的一侧应为剖视方向,如图 1-24 所示。

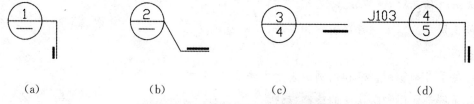

图 1-24 索引剖面、断面详图的索引标志

2. 详图符号

详图符号绘制于详图的下方,详图的位置和编号应用详图符号来表示。详图符号应用直径为 14mm 的粗实线绘制,并按以下规定编号。

(1)当详图与被索引的图样在同一张图纸上时,应用阿拉伯数在详图符号内注明该详图的编号,如图 1-25(a)所示。

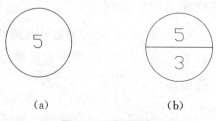

图 1-25 详图符号

(2)当详图与被索引的图样不在一张图纸上时,应在详图符号内用细实线画一条水平直径线段,且在上半圆中注明详图的编号,在下半圆中注明被索引的图样所在的图纸号,如图

1-25(b)所示。

3. 引出线

(1)在图纸中,当有些图样的详图需要用文字加以说明时,常用引出线来引出。引出线应用细实线绘制,用水平方向的直线或与水平方向成 30°、45°、60°、90°角的直线,或经上述角度再折为水平线。文字说明宜注写在水平线的上方,如图 1-26(a)所示;也可注写在水平线的尾部,如图 1-26(b)所示。索引详图的引出线应与水平直径线相连接,且对准索引符号的圆心,如图 1-26(c)所示。

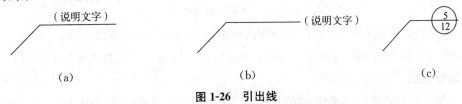

图 1-26 引出线

(2)当同时引出几个相同部分的引出线时,各引出线可相互平行,如图 1-27(a)所示,也可画成集中于一点的放射线,如图 1-27(b)所示。

图 1-27 共同引出线

(3)多层构造或多层管道共用引出线,应通过被引出的各层,并用圆点示意对应各层次。如层次为竖向排序,文字说明应注写在水平线的上方,或注写在水平线的端部,说明的顺序应由上至下,并与被说明的层次对应一致;如层次为横向排序,则由上至下的说明顺序应与由左至右的层次对应一致,如图 1-28 所示。

4. 剖切符号

剖切符号是指在剖视图中用以表示剖切面剖切位置的图线。剖切符号由剖切位置线与剖视方向线构成。

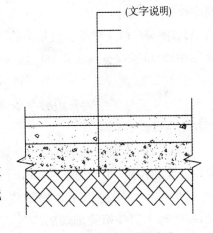

图 1-28 多层共用引出线

(1)剖切符号用粗实线表示,剖视方向线的边长为 6~10mm,投射方向线应垂直于剖切位置线,长度为 4~6mm,如图 1-29(a)所示,即长边的方向表示切的方向,短边的方向表示看的方向;也可采用国际统一和常用的剖视方法,如图 1-29(b)所示。绘制时,剖视剖切符号不应与其他图线相接触。

(2)剖视剖切符号的编号宜采用粗阿拉伯数字表示,按剖切顺序由左至右、从下向上连续编排,并应注写在剖视方向线的端部,如图 1-29(a)所示。

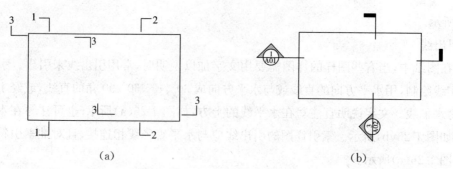

图 1-29 剖视的剖切符号

(3)需要转折的剖切位置线,应在转角的外侧加注与该符号相同的编号。

(4)建(构)筑物剖面图的剖切符号应注在±0.000标高的平面图或首层平面图上。

5. 定位轴线

定位轴线是用以确定主要结构位置的线,如确定建筑的开间或柱距、进深或跨度的线。定位轴线一般应编号,编号应注写在轴线端部的圆内,圆应用细实线绘制,直径为8~10mm。定位轴线圆的圆心应在定位轴线的延长线上或延长线的折线上,横轴圆内用数字依次表示,纵轴圆内用大写拉丁字母依次表示。在编号时应注意如下几点。

(1)编号宜标注在图样的下方与左侧,横向编号应用阿拉伯数字,由左至右顺序编写;竖向编号应用大写拉丁字母,从下向上顺序编写,如图 1-30 所示。

(2)字母 I、O、Z 不得用作轴线编号,如字母数量不够使用,可增用双字母或单字母加数字注脚,如 AA、BA……YA 或 A1、B1……Y1。在组合较复杂的平面图中,定位轴线也可采用分区编号,编号的注写形式应为"分区号—该分区编号",分区号采用阿拉伯数字或大写拉丁字母表示。

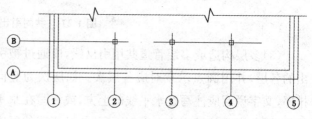

图 1-30 定位轴线的编号顺序

(3)附加定位轴线的编号应用分数形式表示,并按下列规定编写:两根轴线间的附加轴线应以分母表示前一轴线的编号,以分子表示附加轴线的编号,编号宜用阿拉伯数字顺序编写。

(4)一个详图适用于几根轴线时,应同时注明各相关轴线的编号,如图 1-31 所示。

(5)通用详图中的定位轴线应只画圆,不注写轴线编号。

(6)圆形平面图中定位轴线的编号,其径向轴线宜用阿拉伯数字表示,从左下角开始,按逆时针顺序编写;其圆周轴线宜用大写拉丁字母表示,从外向内顺序编

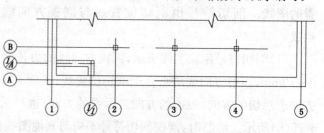

图 1-31 详图的轴线编号

写,如图1-32所示。

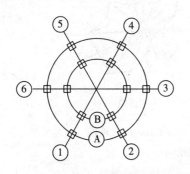

图1-32 圆形平面定位轴线的编号

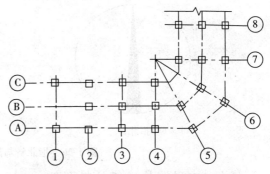

图1-33 折线形平面定位轴线的编号

6. 其他符号

(1)对称符号。对于结构对称的图形,绘制时可只绘制出对称图形的一半。对称符号的对称线用细点长画线来绘制,平行线用细实线来绘制,其长度宜为6~10mm,每对的间距宜为2~3mm;对称线垂直平分于两对平行线,两端超出平行线宜为2~3mm,如图1-34所示。

(2)连接符号。当某图形绘制位置不够时,可分为几个部分来绘制,用连接符号的折断线表示需连接的部位,且折断线两端靠图样一侧应标注大写拉丁字母,用来表示连接编号。两个被连接的图样需用相同的字母来编号,如图1-35所示。

图1-34 对称符号

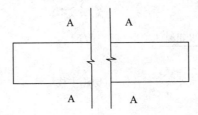

图1-35 A连接符号

(3)指北针与风向频率玫瑰图

①指北针是用来指示方向的。指北针的形状需按"国标"规定来绘制,其圆的直径宜为24mm,应用细实线绘制,指针尾部的宽度宜为3mm,指针头部需注"北"或"N"字。需用较大直径绘制指北针时,指针尾部的宽度宜为直径的1/8,如图1-36(a)所示。

②风向频率玫瑰图简称"风向玫瑰图",是在总平面图上用来表示某地区风向频率的标志。风向频率是指在一定时间内各种风向出现的次数占所有观察次数的百分比,根据各个方向风的出现频率,以相应的比例长度,按风向从外向中心吹,描在用8个或16个方位所表示的图上,然后将各相邻方向的端点用直线连接起来,绘成一个宛如玫瑰形状的闭合折线,即为风向玫瑰图,图中线段最长者即为当地主导风向。风向玫瑰图可直观地表示年、季、月等的风向,为城市规划、建筑设计和气候研究所常用,如图1-36(b)所示。

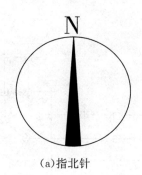

(a)指北针　　　　　　　　　(b)风向玫瑰图

图1-36　指北针与风向玫瑰图

链接3　常用园林建筑材料图例

本标准图只规定常用建筑材料的图例画法，对其尺度比例不作具体规定，使用时，应根据图样大小而定，并注意下列事项：

(1)图例线应间隔均匀、疏密适度，做到图例正确、表示清楚。

(2)常用建筑材料应按附录三中图例画法绘制，当选用本标准中未包括的建筑材料时，可自编图例，但不得与本标准所列的图例重复。

链接4　常见园林植物及园林小品图例

1.园林绿化植物平面图绘制方法

园林绿化植物平面图绘制方法如图1-37所示。

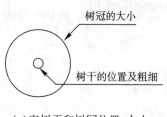

(a)定树干和树冠位置、大小　　(b)画主枝　　(c)画细枝和树叶

  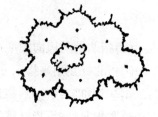

(d)阔叶乔木树丛　　　　　(e)疏林　　　　　(f)针叶乔木树丛

图1-37　园林绿化植物平面图绘制方法

2.园林绿化植物立面图绘制方法

园林绿化植物立面图绘制方法如图1-38所示。

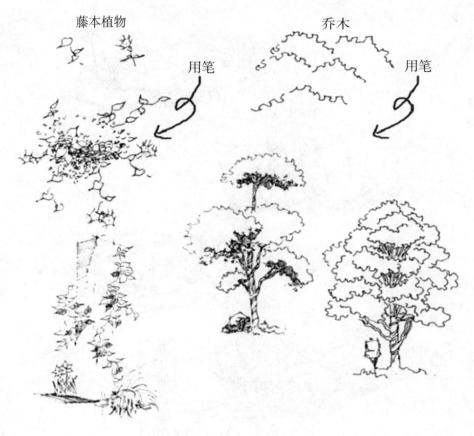

(a) 园林绿化植物立面图绘制方法

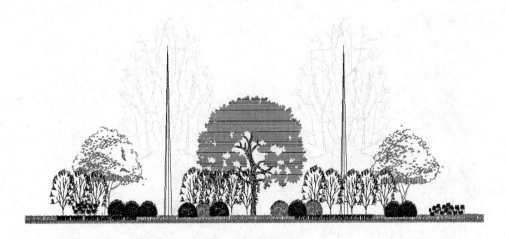

(b) 园林绿化植物搭配立面图图例

图 1-38　园林绿化植物立面图绘制方法及搭配立面图图例

3. 园林小品绘制图例手法(以塑石为例)

园林小品绘制图例手法如图 1-39 所示。

(a)塑石

(b)园林小品表现手法

图 1-39 园林小品表现手法

4. 人物表现手法

人物表现手法如图 1-40 所示。

图 1-40　人物表现手法

链接5 国家制图规范标准中对符号与图例的相关规定

国家制图规范标准有《房屋建筑制图统一标准》(GB/T50001-2010)(以下简称"《房建规范》")和《风景园林图例图示标准》(以下简称"《园林标准》")等。本项目上述知识链接中均是遵照《房建规范》10.3中关于"符号、常用建筑材料图例"的相关规定而扩展的。

课外实训项目

模拟角色:园林制图绘图员。

实训任务:学习并掌握园林制图中常用的符号和图例,以及园林各构成要素的平面图、立面图的画法,绘制木亭平面图、立面图,比例自定。

案例图纸:见案例1-3或由授课教师提供。

项目成果内容:木亭平面图、立面图各一份。

成果文件编制要求:

(1)用A3图纸绘制。

(2)图纸中各项符号和图例绘制正确,字体规范。

项目1-4 园林平面图绘制的基本方法

项目描述

通过绘制园林规划的平面图,了解平面图的组成及作用,掌握平面图的绘制方法、步骤和技巧。

任务描述

通过相关园林形体实体图或直观图,完成绘制平面图的实训任务。

教学目标

能力目标:

能运用制图工具完成基本平面图形的绘制。

知识目标:

1. 掌握平面图绘制的基本方法及步骤。

2. 为保证图纸质量,提高绘图效率,要养成正确的制图习惯,掌握正确的绘图步骤及图线线型的画法。

项目支撑知识链接

链接1 平面图形绘制的基本方法及步骤(以别墅庭院为例)

1. 绘图前准备工作

(1)准备绘图所用的工具(常用绘图工具有丁字尺、三角板、圆模板、曲线板、圆规、H或HB铅笔、针管笔等),并保持工具的清洁。

(2)根据所需绘制的平面图选好图纸规格,固定在画板上,固定时使丁字尺的工作边与图纸的水平边平行。

2. 用铅笔画底稿

(1)根据图纸尺寸确定合适的比例。

(2)用H或HB铅笔画出定位轴线或网格,如图1-41所示。

(3)根据比例,绘制平面图中各图样的轮廓线,留出尺寸线的位置,使图均匀地排在图纸中央,如图1-42所示。

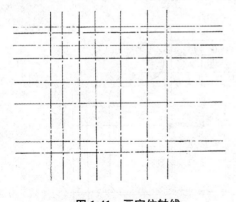
图1-41 画定位轴线

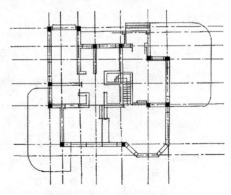
图1-42 画建筑轮廓线

(4)绘制细节部分,如图1-43所示。

(5)上墨线及标注文字尺寸。

上墨线是用针管笔来完成,绘制顺序为"先上后下,先左后右,先细线后粗线,先曲线后直线,先水平线后垂直及倾斜线"。另外,上墨线还有一个主要目的,就是区分图纸的线条等级,做到线条等级分明。一般在平面图中,线条分为4个等级,建筑轮廓线最粗,网格及辅助线最细,道路水岸线则比植物线条稍粗。

用针管笔上墨线时,运笔速度应保持匀速,停顿干脆,以免用力不均或停顿时间长导致多余笔墨沾到图纸上,影响图纸的整洁,如图1-44所示。

链接2 设计师经验知识

(1)绘制平面图时,正确计算比例及熟练使用比例尺是关键,这将直接影响到制图的正确性。

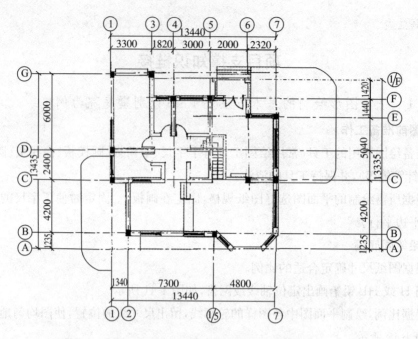

图 1-43 绘制庭院建筑细节并完善图纸

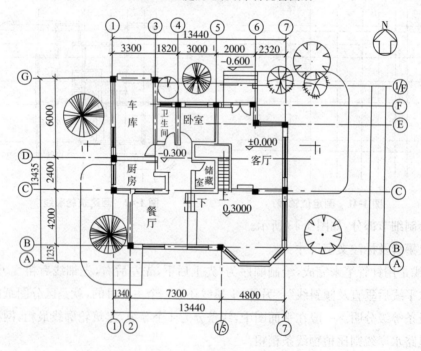

图 1-44 完成后的图纸

(2)绘图时应严格遵守制图规范。

(3)线条等级要分明。

(4)由于最后成图是以针管笔上墨线形式定稿,因此铅笔稿无需画得过于深刻,以便最后擦除。另外,在绘图过程中,要注意随时擦除尺规及模板上沾的铅笔灰,以保证图面整洁。

上墨线时,为了防止尺规及模板在图纸上移动时拖出墨线痕迹而影响图面整洁,应在尺规及模板上缠 5mm 厚的透明胶带或者在尺规及模板下面垫张纸。

课外实训项目

实训任务:按照前述步骤及方法,正确绘制园林规划平面图。

案例图纸:见案例图纸 1-4 或由授课教师提供。

项目成果内容:别墅庭院平面图一份。

成果文件编制要求:

(1)用 A3 图纸绘制。

(2)要求图纸按平面图绘制标准完成,文字及标注应规范。

思考题:

在绘制平面图的过程中,如何计划好绘图步骤,尽量避免重复劳动从而提高绘图速度与准确度?

项目 2
园林形体、要素平面图和立面图的表现

项目 2-1　园林基本形体平面图和立面图的识读与绘制

项目描述

通过绘制园林基本形体的平面图和立面图,了解投影的基本知识,熟悉正面投影的基本规律和特性;学会基本形体三面投影的绘制方法,会对基本形体进行尺寸标注。

任务描述

识读室外台阶或其他园林形体实体图或直观图,绘制规范的形体平面图、立面图。

教学目标

能力目标:
能识读并绘制园林基本形体的三面投影。
知识目标:
1. 了解投影的基本知识,理解正面投影的形成及概念。
2. 熟悉正面投影的基本规律和特性。

项目支撑知识链接

链接 1　投影法

日常生活中的"形影不离"是一种投影现象。不透光的物体在光源的照射下,会在某一个面上形成影子,这种物理现象就是投影。例如,当白炽灯光照射室内的桌子时,必有影子落在地板上;如果把桌子搬到太阳光下,那么必有影子落在地面上。如图 2-1 所示,投影的产生必须有 3 个要素,即光线(投影线)、被投射物体和投影面。

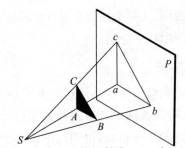

S 投影中心　P 投影面　光线 SBb 为投射线　abc 为 ABC 在 P 面上的投影图

图 2-1　投影法示意图

链接 2　投影法的种类

根据投影中心与投影面的关系,投影可分为中心投影和平行投影。

当投影中心距离投影面距离有限时,可将投射线视为由一个点发出的,这种投影称为"中心投影",这种投影的方法称为"中心投影法",如图 2-2 所示。

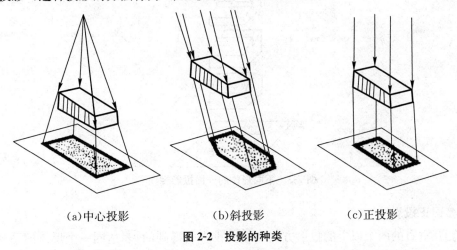

(a)中心投影　　　　(b)斜投影　　　　(c)正投影

图 2-2　投影的种类

当投影中心距离投影面距离无线远时,可将投射线视为相互平行的,这种投影称为"平行投影",这种投影的方法称为"平行投影法"。其中,投射线垂直于投影面所作出的投影称为"正投影",用正投影作出投影的方法称为"正投影法",作出的投影图称为"正投影图"。投射线倾斜于投影面所作出的投影称为"斜投影",用斜投影作出投影的方法称为"斜投影法",作出的投影图称为"斜投影图"。

链接 3　园林图样与投影的关系

总结上述 3 个投影的特性可以发现,正投影虽然直观性不强,但可以准确反映出形体的真实形状和大小,图形度量性好,便于尺寸标注,作图方便。因此,《房建规范》规定:工程图均采用正投影法作出,园林图亦如此。在绘制园林设计图或工程施工图的过程中,投影三要素的光线即为投影线,投影中的被投影物体即为园林中的园林各要素,投影即为园林设计图和园林工程施工图。在园林设计图中还有一个图样,即效果图。效果图是通过斜投影获得的轴测图和中心投影获得的透视图,这两个投影在设计阶段能较好地反映设计效果,比较简单,直观性强,这一内容会在其他项目中介绍。

链接4　多面投影与园林图

绘制园林设计图的目的就是要确切地表达园林各要素部位的具体形状和真实大小,但在绘制过程中,依据一个正面并不能够确定其空间的真实形状。如图2-3所示,4个不同形状的形体在同一个投影面上的投影完全相同,说明仅根据一个投影是不能完整地表达形体的形状和大小的,此时就需要对物体的三个面分别进行投影,来反映形体长、宽、高三个方向上的特征,这样形成的投影图称为"三面投影图"。因此,实际的园林图多是采用多面正投影的方法绘制的。

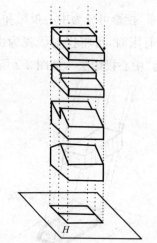

图2-3　不同形体的一面投影相同

1. 多面正投影

由相互垂直的两个以上的投射方向和相应投影面得到的,表达同一个形体的系列投影图称为"多面投影图"。实践证明,有时两面投影也不能很好地完全表达出形体的真实形状和大小。一般来说,三面投影图可以满足表达形体的真实形状和大小的需要。

2. 三面投影体系的建立及其规律

三面投影是指由三个相互垂直的投影面形成的投影体系,如图2-4所示。其中,三个投影面H面、V面和W面分别称为"水平投影面"、"正立投影面"和"侧立投影面"。

园林图中,一般不采用直观图来表达形体的真实大小,而是将三个投影面绘制在同一个平面上,因此,在绘制时须将相互垂直的三个投影面展开为一个平面。正立投影面V固定不动,水平投影面H绕OX轴向下旋转90°,侧立投影面W绕OZ轴向右旋转90°。这样,三个投影面就位于一个平面上,形体的三个投影也就位于一个平面上。

当三个投影面展开后,OX轴、OZ轴位置不变,而原OY轴因为H面和W面的分离被一分为二,一条随H面转到与OZ轴在同一铅垂线上,标注为OY_H;另一条随W面转到与OX轴在同一水平线上,标注为OY_W。由H面、V面、W面投影所组成的投影图,称为形体的"三面投影图"。

投影面是假想的,且无边界,故在作图时可以不画其外框。在工程图纸上,投影轴也可以不画。不画投影轴的投影图称为"无轴投影"。

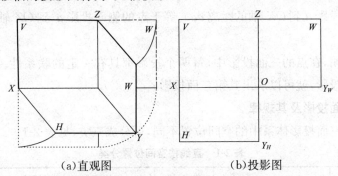

(a)直观图　　　　　　　　(b)投影图

图 2-4　三面投影形成的示意图及其展开后的投影图

由图 2-5 可以看出,一个形体在三面投影体系中,三个投影之间存在"三等"关系,即三面投影的基本规律:

①正面投影与水平投影——长对正。

②正面投影与侧面投影——高平齐。

③水平投影与侧面投影——宽相等。

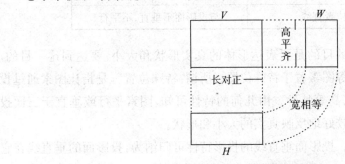

图 2-5　三面投影三等关系

链接 5　点、线、面在三面投影体系中的特殊投影规律

1. 点的三面投影规律

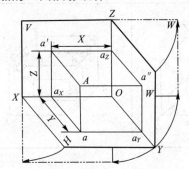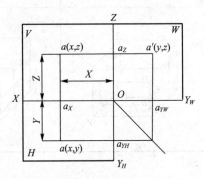

图 2-6　点的三面正投影及其投影规律

从图 2-6 可以看出,"点"的三面投影规律如下:

①点的水平投影 a 与正面投影 a' 的连线垂直于 OX 轴,即 $aa' \perp OX$ 轴。

②点的正面投影 a' 与侧面投影 a'' 的连线垂直于 OZ 轴,即 $a'a'' \perp OZ$ 轴。

③点的水平投影 a 到 OX 轴的距离 aa_x 等于点的侧面投影 a'' 到 OZ 轴的距离 $a''a_z$,即 $aa_x = a''a_z$。

这些特性说明,在点的三面投影中,每两个投影都具有一定的联系性。因此,只要给出一点的任何两面投影,就可以求出其第三面投影。

2. 直线的三面投影及其规律

直线按其在三面投影体系中的空间位置不同,可分成三类,见表 2-1。

表 2-1 直线按空间位置分类

直线按空间位置分类	投影面平行线	正平线	直线平行于正面投影面
		水平线	直线平行于水平投影面
		侧平线	直线平行于侧面投影面
	投影面垂直线	正垂线	直线垂直于正面投影面
		铅垂线	直线垂直于水平投影面
		侧垂线	直线垂直于侧面投影面
	一般位置直线		与投影面不垂直、不平行

由前述所知,绘制工程图样的目的是要表达形体的真实形状和大小,要达到这一目的,则需要将构成形体的点、线和面等图素置于特殊位置。所谓"特殊位置",是指让图素通过投影后能真实地反应图素的长、宽、高等特性。由几何的特性可知,图素平行或垂直于三面投影面体系中的其中一个面,就能较好地反映真实的大小和形状。

(1)投影面垂直线及其规律。投影面垂直线的投影特性可归纳为:投影面的垂直线在它所垂直的投影面内的投影积聚为一点(称为"积聚性");其他两个面的投影均反映直线的实长,并分别垂直于相应的投影轴。表 2-2 列出了各种投影面的垂直线及其投影特性。

表 2-2 垂直线的三面投影及其投影规律

名称	铅垂线	正垂线	侧垂线
空间位置及直观图			

续表

名称	铅垂线	正垂线	侧垂线
投影图			
投影特性	1. 水平投影积聚为一点； 2. 正面投影反映实长，并垂直于 OX 轴； 3. 侧面投影反映实长，并垂直于 OY_W 轴	1. 正面投影积聚为一点； 2. 水平投影反映实长，并垂直于 OX 轴； 3. 侧面投影反映实长，并垂直于 OZ 轴	1. 侧面投影积聚为一点； 2. 水平投影反映实长，并垂直于 OY_H 轴； 3. 正面投影反映实长，并垂直于 OZ 轴

（2）投影面平行线及其规律。投影面平行线在它所平行的投影面内的投影反映直线的实长，同时反映直线与另两个投影面的倾角；其他两个面的投影缩短，但分别平行于相应的投影轴。表 2-3 列出了各种投影面垂直线及其投影特性。

表 2-3　平行线的三面投影及其投影规律

名称	水平线	正平线	侧平线
空间位置及直观图			
投影图			
投影特性	1. 水平投影反映实长，并反映与 V、W 面的倾斜角 β、γ； 2. 正面投影比实长缩短，但平行于 OX 轴； 3. 侧面投影比实长缩短，但平行于 OY_W 轴	1. 正面投影反映实长，并反映与 H、W 面的倾斜角 α、γ； 2. 水平投影比实长缩短，但平行于 OX 轴； 3. 侧面投影比实长缩短，但平行于 OZ 轴	1. 侧面投影反映实长，并反映与 H、V 面的倾斜角 α、β； 2. 水平投影比实长缩短，但平行于 OY_H 轴； 3. 正面投影比实长缩短，但平行于 OZ 轴

3. 特殊位置平面的三面投影及其投影规律

园林中一般位置平面的投影不能反映被投影平面的形状和长度，因此，这里只讨论特殊位置平面及其投影规律。特殊位置平面按其在三面投影体系中的空间位置不同可作如下分类（见表 2-4）。

表 2-4 直线在空间位置类型

直线按空间位置分类	投影面平行面	正平面	平面平行于正面投影面
		水平面	平面平行于水平投影面
		侧平面	平面平行于侧面投影面
	投影面垂直面	正垂面	平面垂直于正面投影面
		铅垂面	平面垂直于水平投影面
		侧垂面	平面垂直于侧面投影面

（1）投影面垂直面投影及其投影规律。由表 2-5 可知，投影面垂直面的投影在它所垂直的投影面的投影积聚为一条直线，这个积聚投影与投影轴的夹角反映该平面与对应投影面的夹角；在其他两个投影面的投影都不反映实形，但与原几何形状相仿。

表 2-5 投影面垂直面投影及其投影规律

名称	铅垂面	正垂面	侧垂面
空间位置及直观图			
投影图			
投影特性	1. 水平投影积聚为一条直线，并反映其与 V、W 面的倾斜角 β、γ； 2. 正面投影与侧面投影均反映原几何形状，但比实形面积小	1. 正面投影积聚为一条直线，并反映其与 H、W 面的倾斜角 α、γ； 2. 水平投影与侧面投影均反映原几何形状，但比实形面积小	1. 侧面投影积聚为一条直线，并反映其与 H、V 的倾斜角 α、β； 2. 水平投影与正面投影均反映原几何形状，但比实形面积小

(2)投影面平行面投影及其投影规律。由表 2-6 所知,投影面的平行面的投影在它所平行的投影面内的投影反映实形;在其他两个投影面的投影积聚为一条直线,并分别平行于相应的投影轴。

表 2-6　投影面平行面投影及其投影规律

名称	水平面	正平面	侧平面
空间位置及直观图			
投影图			
投影特性	1.水平投影反映实形; 2.正面投影积聚为一条直线,并平行于 OX 轴; 3.侧面投影积聚为一条直线,并平行于 OY_W 轴	1.正面投影反映实形; 2.水平投影积聚为一条直线,并平行于 OX 轴; 3.侧面投影积聚为一条直线,并平行于 OZ 轴	1.侧面投影反映实形; 2.水平投影积聚为一条直线,并平行于 OY_H 轴; 3.侧面投影积聚为一条直线,并平行于 OZ 轴

4. 平面和直线的投影特点——"三性"

由上面总结可以得出,直线和平面投影具有以下三个特殊的规律,即"三性":

(1)实形性。直线或平面平行于投影面时,投影反映实际形状和大小。

(2)积聚性。直线或平面垂直于投影面时,投影积聚成一点或一条线。

(3)类似性。直线或平面倾斜于投影面时,投影成为缩小的类似形。

链接 6　园林形体的构成与投影体系的建立

园林基本体是指由面围合而成占据一定三维立体空间的形体。体包括基本形体和组合体。基本形体又称为"几何体",按其表面性质又分为平面体和曲面体。由基本形体通过一定的组合方式构成的形体称为"组合体"。

1. 体的投影图绘图步骤

以图2-7为例,体的投影图绘图步骤为:分析体的特征(面和棱线)→设置投影体系(尽可能多的面或线能反应实形)→确定比例和图幅→绘制形体(所有面和线)平面投影→绘制形体(所有面和线)正面投影→绘制形体(所有面和线)侧面投影→检查图线缺失与遗漏→根据三等关系检查对应与否→加粗图线→完成尺寸标注。

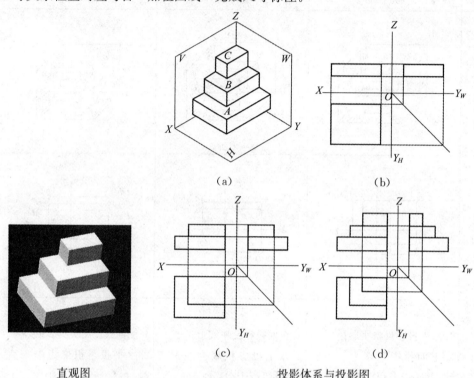

直观图　　　　　　　　　　投影体系与投影图

图2-7　组合体直观图、投影体系建立与投影图

2. 组合体投影图的尺寸标注

如图2-8所示是一组合体尺寸标示例图。在遵守GB/T50001—2010版规范的基础上,对几何形体和组合体的尺寸进行标注时,应该遵守下列原则:

(1)尺寸应尽量标注在能反映形体特征的投影图上。

(2)表示同一基本形体的尺寸应尽量集中标注。

(3)与两投影图有关的尺寸宜标注在两投影图之间。

(4)尺寸最好标注在图形之外,互相平行的尺寸应将小尺寸标注在里边,大尺寸标注在外边。

(5)同一图上的尺寸单位应一致。

(6)合理选择尺寸基准,并尽可能统一基准。

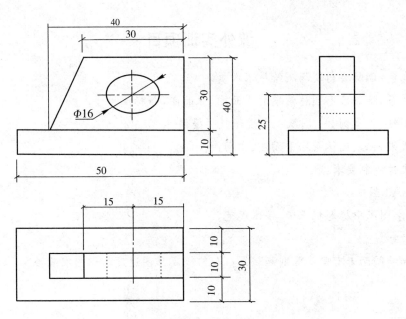

图 2-8 组合体尺寸标示例图

链接 7　组合体投影图的识读

根据已绘制好的空间立体的三面投影图,运用正投影的原理和特性,并通过分析,想象出立体的空间形状,这一过程称为"识图"。识图是制图的逆过程,有形体分析法和线面分析法 2 种识图方法。

识图过程的注意事项如下:

(1)识图时应从反映立体主要特征的面和几何体入手进行分析。

(2)识图时应将三个投影联系起来分析,不能只考虑其中的一个或两个投影。

(3)识图时既要细心,又要有耐心,对困难之处要一个面、一条线、一个点地仔细分析,这样才能读懂全图。

(4)熟能生巧,要反复进行识图练习,不断积累实践经验,培养自己的空间想象力。

链接 8　工程技术人员经验知识

(1)多看、多想、多练习是建立空间想象力、提高绘图和识图能力的关键。

(2)三面投影应牢记"长对正、高平齐、宽相等"三等关系。

(3)工程形体投影均为特殊的面或直线,有"三性",即实形性、类似性和积聚性。

(4)掌握和使用规范作图方法是提高作图速度和准确性的关键因素。只有坚持规范作图,才能达到先难后易、先慢后快的效果。

课外实训项目

模拟角色:园林公司现场测绘技术人员。

实训任务:绘制已有园林景墙的平面图、立面图,并标注尺寸。

案例图纸:见案例 2-1 图纸或由授课教师提供。

项目成果内容:园林景墙平面图、立面图。

成果文件编制要求:

(1)用 A3 图纸绘制。

(2)要求图纸中标题栏正确,字体规范。

思考题:

识图和绘图两者有哪些区别和联系?如何提高作图速度与识图准确性?

项目 2-2 园林要素平面图和立面图的识读与绘制

项目描述

通过识别园林环境中的地形、山石、水体、植物、园林小品、道路等实体,了解园林要素表现的基本知识,熟悉标高投影的基本规律和特性;学会绘制园林要素的三面投影图。

任务描述

识读园林环境中各要素的实体图,绘制规范的园林各要素的平面图、立面图。

教学目标

能力目标:

能识读并绘制园林基本要素的三面投影;能用标高投影的方法绘制地形图。

知识目标:

1. 了解标高投影的基本知识,理解标高投影的形成及概念。
2. 熟悉园林要素三面投影的基本规律和特性。

项目支撑知识链接

链接1 标高投影与地形的表现

1. 标高投影的形成

用一个水平投影加注形体各处高度数值表示空间形体形状的方法,即为标高投影法,如图 2-9 所示。标高投影是一种单面正投影,单面为水平面。其标注的高程以米计,图中不用注明,且要选择基准面,工程上常用与大地测量相一致的标准海平面作为基准面(标准海平面在青岛附近的黄海平面上)。在标高投影中,不仅要确定其空间物体形状位置,还应注明绘图比例或比例尺。

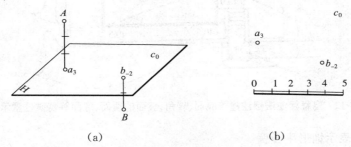

图 2-9 标高投影的形成与表现方法

2. 用等高线法与高程标注法表示地形

用等高线表示地形的方法称为"等高线法"(标高投影)。等高线是指地形图上高程相等的各点所连成的闭合曲线。把地面上海拔高度相同的点连成的闭合曲线水平正投影到一个标准面上,并按比例缩小画在图纸上,就得到等高线,如图 2-10 所示。等高线也可以看作不同海拔高度的水平面与实际地面的交线,因此,等高线通常是闭合曲线。在等高线上标注的数字为该等高线的海拔高度。地形等高线图只有在标注比例尺和等高线高差后才能揭示地形,如图 2-11 所示。

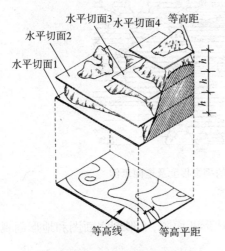

图 2-10 等高线形成示意图

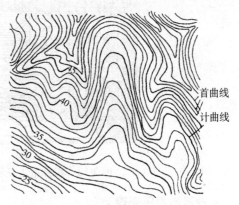

(加粗并标注高程的为计曲线,
计曲线之间的为首曲线)

图 2-11 等高线地形表示法示例

对不在等高线上的特殊位置点,可用圆点或"十"字标记这些特殊位置点,并在标记旁注上该点的高程(保留两位有效数字),这种地形表示法称为"高程标注法"。高程标注法适用于标注建筑物的底面、转角,坡面的顶面和底面,道路的转折处的高程,以及地形图中最高点和最低点等特殊点的高程。因此,施工准备工作中的场地平整、场地规划等施工图中常用高程标注法,如图 2-12 所示。

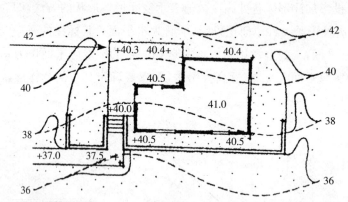

图 2-12　高程标注法标注建筑底面、转角,坡面的顶面、底面等特殊位置示例

3. 用分布法表示地形平缓度

将整个地形的高程划分成间距相等的几个等级,并用同一颜色加以填涂,随着高程的增加,色度逐渐由浅变深,这种在地形分布图上能够直观地表现地形变化的方法,称为"分布法"。分布法主要用于表示用地范围内地形变化的平缓程度、地形的走向和分布情况,如图 2-13 所示。

图 2-13　用分布法表示地形的平缓程度及走向示例

4. 地形剖面图表现

按照表现内容的不同,地形剖面图可以分为地形断面图、地形剖立面图和地形剖视透视图,如图 2-14 所示。

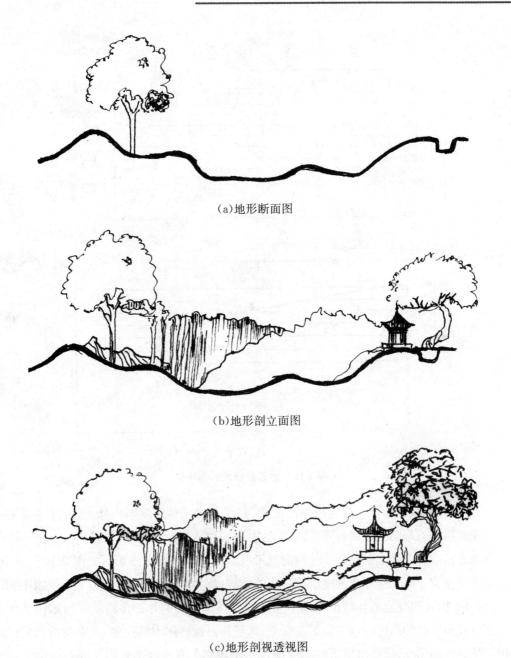

(a)地形断面图

(b)地形剖立面图

(c)地形剖视透视图

图 2-14 地形剖面图

(1)地形剖断线的作法。作地形剖面图时,先根据选定的比例,结合地形等高线图作出地形剖断线,然后绘出地形轮廓线,并加以表现,便可得到较完整的地形剖面图。

首先在描图纸上按比例画出间距等于地形等高距的平行线组,并将其覆盖到地形平面图上,使平行线组与剖切位置线相吻合,然后借助丁字尺和三角板作出等高线与剖切位置线的交点,如图 2-15(a)所示,再用光滑的曲线将这些点连接起来,并加粗、加深,即得地形剖断线,如图 2-15(b)所示。

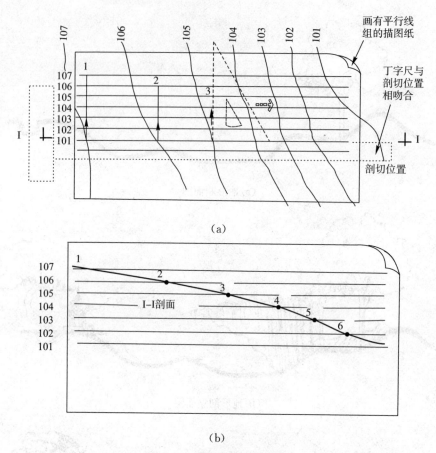

图 2-15 地形剖断线的作法

(2)地形轮廓线的作法。在地形剖面图中,除了要表示地形剖断线外,有时还需要表示地形剖断面后没有剖切到但又可见的内容,这种图形称为"地形轮廓线"。

画地形轮廓线实际上就是画该地形的地形线和外轮廓线的正投影。如图 2-16 所示,图中虚线表示垂直于剖切位置线的地形等高线的切线,将其向下延长,与等距平行线组中相应的平行线相交,所得交点的连线即为地形轮廓线。树木投影的作法是将所有树木按其所在的平面位置和所处的高度(高程)定到地面上,然后作出这些树木的立面,并根据前挡后的原则擦除被挡住的图线,描绘出留下的图线即得树木投影。有些地形轮廓线的剖面图的作法较复杂,若不考虑地形轮廓线,则作法相对容易。因此,在平地或地形较平缓的情况下可不作地形轮廓线,当地形较复杂时应作地形轮廓线。

链接 2　假山、置石的平面和立面表现

(1)在园林规划设计阶段中,山石的表现手法详见《风景园林图例图示标准》(CJJ 67-1995)中 3.2 条款中的规定。

(2)轮廓线法勾画假山、置石的平面图和立面图。假山、置石形状不规则,线条不直,面不平,无法用传统的三面投影准确地表达其空间特征与形状大小。为分出山石的凹凸,体现山石的体积感,常用线条轮廓线的办法勾画山石的平面图和立面图。山石的体积不仅依靠它的纹理去表现,也依靠笔法的运用,通过落笔的轻重、线条的粗细表现出立体感。通常外轮廓线所用的线条较粗较重,石块面、纹理的线条较细较浅;受光的阳面线条较细较浅,背光的阴面线条较粗较重,如图 2-17 所示。

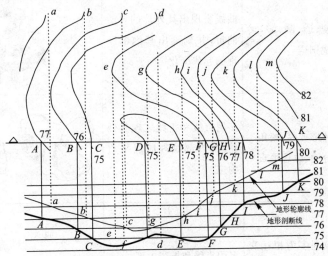

图 2-16 地形轮廓线作法示意

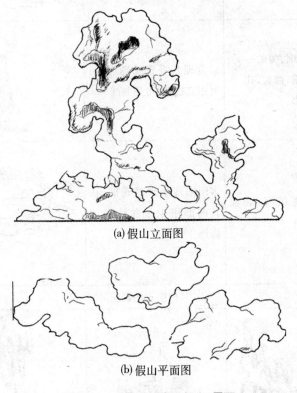

(a) 假山立面图

(b) 假山平面图

图 2-17 轮廓线法表现假山、置石

(3)用线条重点表现山石的质感与纹理,见表2-7。

表 2-7　山石的名称、特征、表现重点及图示

山石名称	山石特征	表现重点	图示
湖石	瘦、透、漏、皱,玲珑剔透	曲线表现出其外形的自然曲折,并刻画出其内部纹理的起伏变化	
黄石	体形敦厚、棱角分明、纹理平直	多用直线和折线表现其外轮廓;内部纹理应以平直为主	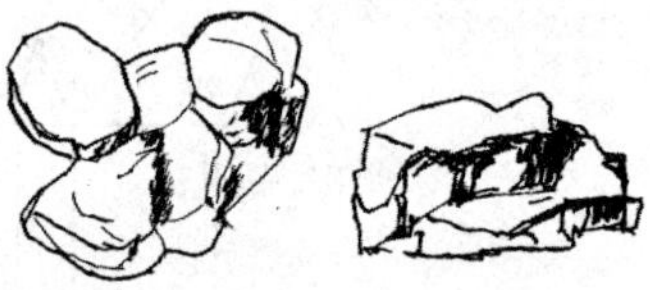
青石	纹理多为相互交叉的斜线	多用直线和折线表现	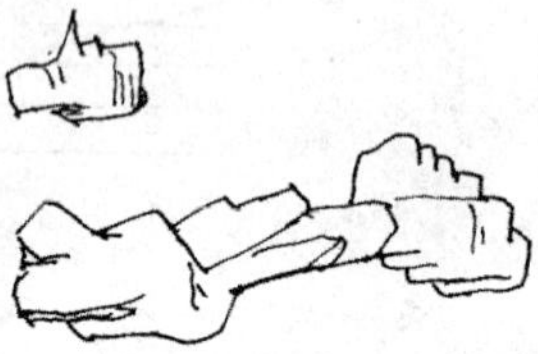
石笋	形如竹笋的一类山石,修长,孔洞多	以表现其垂直纹理为主,可用直线,也可用曲线	
卵石	体态圆润,表面光滑	多用曲线表现其轮廓,在其内部用少量曲线稍加修饰	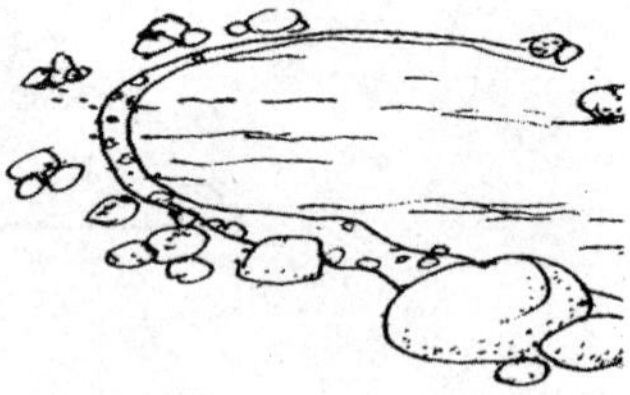
其他山石的画法			
 黄蜡石	 水秀石	 云母片石	 钟乳石

项目2 园林形体、要素平面图和立面图的表现

链接3 水体的平面和立面表现

1. 水体的特征

水无形,但因其所处环境的不同而变化万千。水体根据其外形可分为自然式、规则式和混合式三大类,按水流的状态可分为静态水体和动态水体。

2. 水体的平面表示方法

在园林规划设计阶段中,水体的表现手法详见《风景园林图例图示标准》(CJJ 67—1995)中 3.3 条款中的规定。

水的平面表现主要是体现出水的缓急、深浅、动静变化,只要掌握其基本特征,就可以采用不同的笔触表现出水的逼真形态。

在平面上,水面表示可采用线条法、等深线法、平涂法和添景物法,前三种方法主要用于表现水面景观,而后一种则用于表现全景。

(1)线条法。用工具或徒手绘制的平行线条表示水面的方法称"线条法"。线条法主要用于表现动静水面。

表 2-8 线条法表示不同水体的平面方法

1.静态水面			注意事项
			a.用均匀的线条将整个水面全部布满,也可以局部留有空白,或者只画少许线条; b.多用水平直线或小波纹线表示,局部留白表现波光粼粼的水面,体现水透明、反光的特性
2.动态水面			
			多用大波纹线、鱼鳞纹线等活泼动态的线型表现,在绘制的过程中应注意线条的方向,应与水体流动的方向一致

(2)等深线法。在靠近岸线的水面中,依岸线的曲折作 2~3 条曲线,这种类似等高线的闭合曲线称为"等深线",分别代表常水位线、低水位线和高水位线。用粗线表示水体的驳岸线,用细线表示等深线。等深线法通常用于表示形状不规则的水面,如图 2-18 所示。

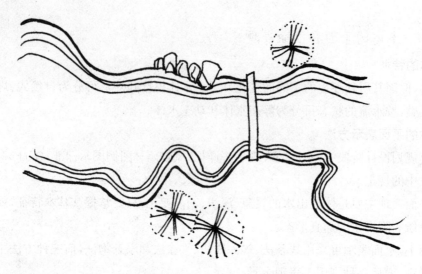

图 2-18　等深线法表示水体示意图

（3）平涂法。如图 2-19 所示，用黑色或彩色平涂表示水面的方法称为"平涂法"。用彩色平涂时，可将水面渲染成类似等深线的效果：先用 2B 铅笔作等深线稿线，等深线之间的间距应比等深线法大些，然后分层渲染，根据实际情况渲染不同深度的色彩。部分情况下也可以不考虑深浅，均匀渲染。

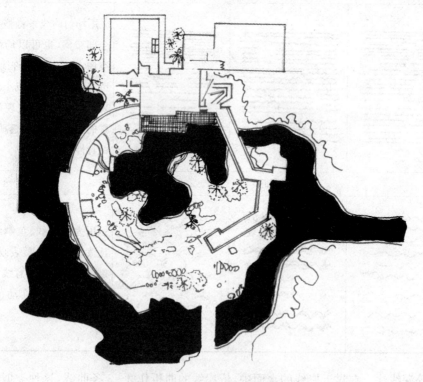

图 2-19　平涂法表示水体示意图

（4）添景物法。将水体与水面相关的内容结合在一起表示水面的方法，称为"添景物法"。常见景物如水生植物、水上活动工具、码头和驳岸、露出水面的石块等,如图 2-20 所示。

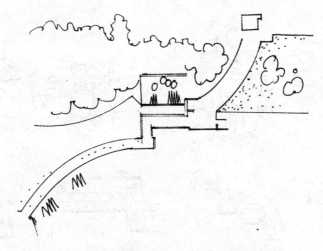

图 2-20　添景物法表示水体示意图

3. 水体的立面表示方法

水体的立面表示方法有线条法、留白法和光影法等。

(1)线条法。线条法是用细实线或虚线勾勒出水体造型的一种水体立面表示法。线条法在工程设计图中使用得最多。用线条法作图时应注意:落笔方向与水体流动的方向应一致;线条清晰流畅,避免轮廓线过于呆板生硬,如图 2-21 所示。

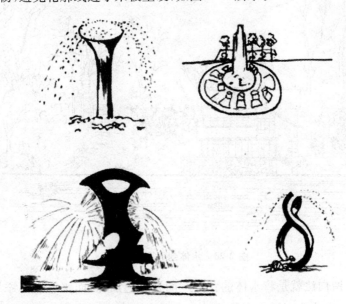

图 2-21　水体立面线条表示法

跌水、瀑布、溪流等带状水体的表现方法通常用线条法,尤其在立面图上更是常见,线条法能够很好地将带状水体的流动感表现出来。它可以简洁而准确地表达水体与山石、水池等硬质景观之间的相互关系,如图 2-22 所示。用线条法还能表示水体的剖(立)面图,如图 2-23 所示。

图 2-22　瀑布等水体表示法

图 2-23　水体剖面图表示法

(2)留白法。留白法就是将水体的背景或配景颜色加深,而水体则不添加任何颜色,通过黑白对比衬托出水体造型的表现技法。留白法常用于表现所处环境复杂的水体,也可用于表现水体的洁白与光亮或水体的透视及鸟瞰效果,如图 2-24 所示。留白法主要用于效果图中。

图 2-24 留白法画水体效果图

图 2-25 光影法画水体效果图

(3)光影法。用线条和色块(黑色和深蓝色)综合表现出水体的轮廓和阴影的方法称水体的"光影表现法"。光影法主要用于效果图中,如图 2-25 所示。

链接 4　园林植物的表现方法

园林植物按照其生长类型和用途的不同,可以分为乔木、灌木、地被、草坪、绿篱、竹类和攀援植物等七大类。由于园林植物类型和用途不同,所以表现出不同的形态特征,为识图方便,根据其特征进行抽象具体化,形成约定俗成的图例来表示。

1. 园林植物的平面表现方法

见《风景园林图例图示标准》(CJJ 67—1995)第 3.6 条款,其中列出了 27 类植物的规范图例。

(1)乔木平面表现。乔木孤植或单独种植时,通常用圆形的顶视外形来表示其覆盖范围。具体来说,先以树干位置为圆心,以树冠平均半径作出圆或近似圆后再加以表现;用线条勾勒出乔木轮廓,线条可粗可细,轮廓可光滑,也可有缺口或尖突,用线条的组合表示树枝或枝干的分叉,用线条的组合或排列表示树冠的质感,如表 2-9 所示。

表 2-9　孤植或单独种植的乔木不同的表现方法示例图

轮廓线法	用线条勾勒出树木的外轮廓线(树冠投影)	
分枝法	在树木外轮廓线内用不同粗细的线条组合表示树枝和树干	

续表

质感法	在轮廓线内用线条的排列组合表示出明暗的不同,表现树木平面的质感	
综合法	既用线条表示分枝,也用明暗表示冠叶,通过两者的综合将树木的轮廓和质感表现出来	

注:①树木平面画法并无严格的规范,实际工作中根据构图需要,可以创作出许多表示方法。但为了更形象地区分不同的植物种类,常以不同的方法表示。
②针叶树常用带刺状的外轮廓线表示树冠,阔叶树常用圆弧线和波浪线表示树冠。
③常绿树一般在外轮廓线内加画平行的斜线,落叶树则不添加。

当表示几株相连的相同树木平面时,应相互避让,使图面形成整体。当表示成群树木的平面时,可连成一片,当表示成林树木的平面时,可勾勒林缘线,如表 2-10 所示。

表 2-10　乔木成片栽植时平面表现示例

阔叶乔木疏林		针叶乔木疏林	
阔叶乔木密林		针叶乔木密林	

注:常绿林根据需要加或不加 45°斜线,均可。

(2)灌木、地被和草坪、竹类的平面表现。如表 2-11 所示,灌木没有明显的主干,成丛生长,从而平面形状曲直多变。规则式的灌木和绿篱的平面形状多规则或具有特定几何外形,自然式栽植灌木丛的平面形状多不规则。灌木的平面表示方法与树木类似,通常修剪的规则式灌木可用轮廓法、分枝法表示,在轮廓线内可添加交叉的斜线或弧线;不规则形状的灌木平面宜用轮廓法和质感法表示,两者绘制时均以栽植范围为外轮廓线。由于灌木通常丛生,没有明显的主干,所以灌木平面很少会与树木平面相混淆。

表 2-11　灌木、地被、草坪等平面表示法示例

单株灌木		一年生和二年生草本花卉		棕榈植物	

续表

灌木疏林	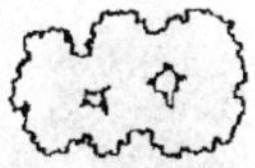	多年生草本花卉		仙人掌植物	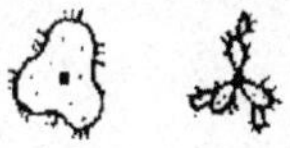
花灌木疏林		一般草皮	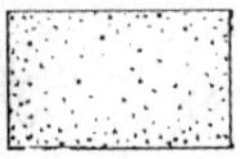	水生植物	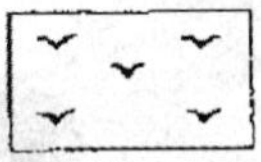
自然绿篱		缀花草坪	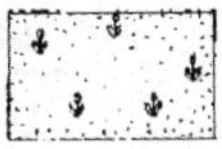	藤本植物	
整形绿篱		整形树木	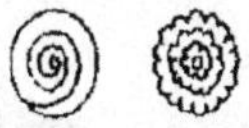	线段草坪表示法	
镶边植物		竹丛		立体感草坪表示法	

地被植物宜采用轮廓勾勒和质感表现的形式，作图时应以地被栽植的范围线为依据，用不规则的细线勾勒出地被的范围轮廓。

竹类植物通常以丛植为主，其平面表示方法多用曲线较自由地勾勒出其种植范围，可用"个"字画在种植范围内予以表现。

草坪和草地的表示方法很多，主要有打点法、线段排列法、小短线法等。

为了表现地形上高差的变化，可先用等高线画出地形变化，然后在等高线之间用整齐的线段顺序排列来表示草坪，以增加立体感。

2. 园林植物的立面及透视表示方法

（1）树木的立面表示方法。自然界中的树木千姿百态，但归根到底都是由干、枝、叶构成，树木的这些特点决定了各自的形态和特征。《风景园林图例图示标准》（CJJ 67—1995）中第4.1、4.2条款中列出了树干的形态和树冠的形态。

树木立面绘制步骤在园林手绘表现技法里面有详细论述，这里不再赘述。树木的立面表示方法在具体表现形式上有写实式（图2-26）、图案式（图2-27）和抽象式（图2-28）3种。

①写实式通常用于表现植物景观或者整体景观。

②图案式注重树木某些特征，如冠形、分枝特点等，通过抽象的概括总结达到突出图案的效果。

③抽象式加入了大量抽象、扭曲和变形的手法，使画面别具一格。

图 2-26 写实式树木立面

图 2-27 图案式树木立面

图 2-28 抽象式树木立面

(2)草坪、地被及灌木丛的立面表示方法。草坪和地被的立面常用轮廓法和质感法表现。轮廓法是指用轮廓线画出草坪或地被的生长边界；质感法是指用不同笔触的线条表示草坪和地被的生长形态，形象较逼真，如图 2-29 所示。

灌木丛分为规则式和不规则式 2 种。规则式灌木丛可用轮廓法、分枝法和综合法表示；不规则灌木丛可用轮廓法和质感法表示，具体表现如图 2-30 所示。

链接 5　园林道路表现与绘制

园林道路是园林的骨架和脉络，它能够划分空间、引导游览、组织交通、构成园景。

园林道路平面表示的重点是道路的平面曲线、路宽、布置形式及道路面层。

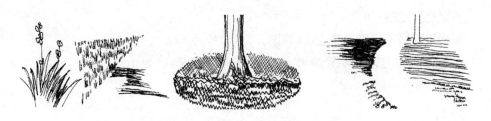

图 2-29 草坪与地被立面图表示示例

图 2-30 灌木丛立面表示示例

1. 规划设计阶段的园林道路平面表示法

园林道路可分为重点风景区的游览大道及大型园林的主干道、公园主干道和游步道 3 种类型。重点风景区的游览大道及大型园林的主干道宽度一般不宜超过 6m,公园主干道路面宽度一般为 3.5m。以上两种道路路面平坦,面层结构较为单一,平曲线自然流畅,一般用流畅的曲线画出路面的两条边线即可。游步道宽度一般为 1.0~2.5m,小径也可以小于 1m,路面形式较多,平曲线也多有变化。其平面图的画法可先用两细线画出路面宽度,然后将路面的材料示意画出即可,如图 2-31、图 2-32 所示。

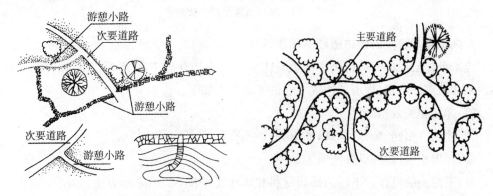

图 2-31 规划设计阶段的园林道路示例一　图 2-32 规划设计阶段的园林道路示例二

在规划设计阶段,园林道路设计的主要任务是将园林道路与地形、水体、建筑物、广场、植物及其他设施相结合,形成完整的风景构图;使园路的转折、衔接自然流畅,符合行走的行为规律。此阶段的园路平面表示以线性设计表示为主,不涉及园路铺装、道路数据的设计,如图 2-33 所示。

绘制园林道路平面图的基本步骤如下:

(1)确定道路等级及道路宽度。

(2)确立道路中线,如图 2-33(a)所示。

(3)根据设计路宽确定道路边线,如图 2-33(b)所示。

(4)确定转角处的转弯半径或其他衔接方式,并可酌情表示路面材料,如图 2-33(c)所示。

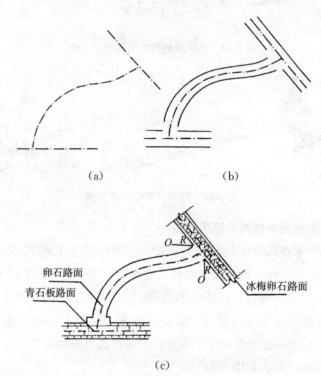

图 2-33　园林道路绘制步骤示意图

2. 施工设计阶段的园林道路平面表示法

施工设计阶段的园林道路平面表现主要是为了指导施工,此阶段的园林道路平面图应体现园林道路的位置、面层的构成。它的主要特点如下:

(1)标注相关数据。

(2)绘制方格网、坐标、标高,如图 2-34 所示。

(3)标出相应尺寸,以方便施工。

(4)道路面层设计。不同的路面材料和铺地式样有不同的表示方法,如图 2-35 所示。

3. 施工阶段园林道路的断面表现法

园林道路的断面表示用于施工设计阶段,又可分为纵断面图和横断面图。纵断面图主要表现园林道路的走向和坡度变化,横断面图主要表现横断面形式及设计横坡,结构断面图主要表现结构层的厚度和施工材料。

(1)园林道路纵断面图的表现方法。园林道路纵断面图主要表现园林道路的走向和坡度变化,其中包含竖曲线设计、设计纵坡以及设计标高与原地形标高的关系等。

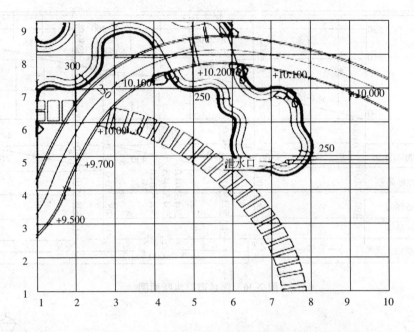

图 2-34 施工阶段道路方格图

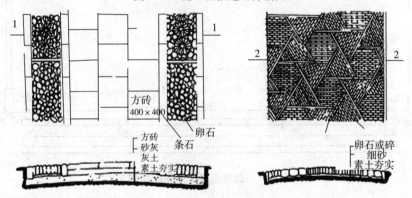

图 2-35 施工阶段道路面层图

①标出高程控制点,如路线起讫点地面标高、道路交叉口中心标高、特殊路段的路基标高、填挖合理标高点等。

②设计竖曲线。根据道路等级行车要求,结合原地形高程控制点,综合挖填方平衡点、纵坡折角的大小等,选用竖曲线半径,并进行有关计算,确定竖曲线。

③标出对道路有影响的驳岸、桥梁、管涵、挡土墙等的水平位置与竖向标高,确保道路通畅。

④绘制纵断面图,如图 2-36 所示。

(2)园林道路横断面图的表现方法。园林道路横断面图主要表现园路的横断面形式、设计横坡以及结构层的厚度和材料等,如图 2-37 所示。

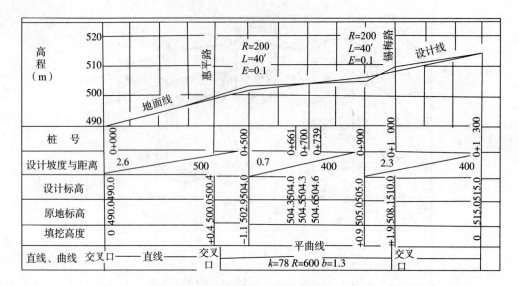

图 2-36　园林道路纵断面图

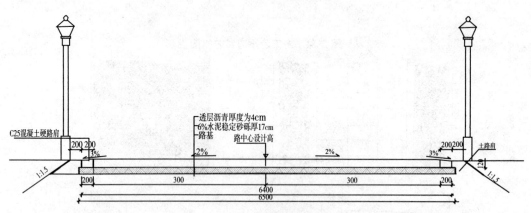

图 2-37　园林道路标准横断面图

(3)园林道路结构断面图的表示方法。园林道路结构断面图主要表现园林道路各构造层的厚度与施工材料,通过图例和文字标注两部分内容,如图 2-38 所示。

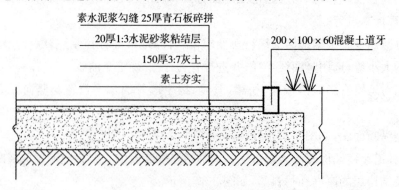

图 2-38　园林道路结构施工图

链接6 建筑与小品的表现方法

1. 规划设计阶段建筑及小品图例识别

《风景园林图例图示标准》(CJJ 67—1995)第 2 条中(如 2.2)明确了景点景物的图例标准,合计 29 个图例;或如 2.3 条款中服务设施的图例标准,合计 23 个图例,等等,这些风景区规划阶段的图例图示标准是园林从业人员识别规划设计图的重要基础,读者要从中找出规律,熟记这些标准。

《风景园林图例图示标准》(CJJ 67—1995)的园林绿地规划设计图例中,3.1 建筑和 3.4 小品设施中规定了在规划设计阶段的图例标准,如表 2-12 所示。

表 2-12 园林建筑、小品设施图例标准

序号	名称	图例	说明
1	规划的建筑物		用粗实线表示
2	原有的建筑物		用中实线表示
3	规划扩建的预留地或建筑物		用虚实线表示
4	拆除的建筑物		用细实线表示
5	地下建筑物		用粗虚线表示
6	坡屋顶建筑	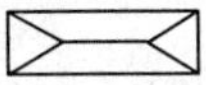	包括瓦顶、石片顶、饰面砖顶
7	草顶建筑或简易建筑		
8	温室建筑	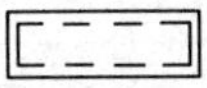	
9	喷泉		
10	雕塑	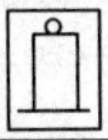	
11	花台		仅表示位置,不表示具体形态,以下同。也可以根据设计形态表示
12	坐凳	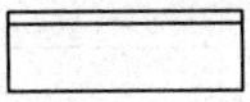	
13	花架	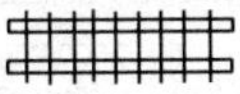	
14	围墙	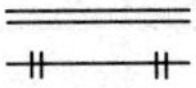	上图为砌筑或镂空围墙;下图为栅栏或篱笆围墙
15	栏杆	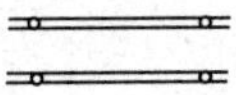	上图为非金属栏杆 下图为金属栏杆

续表

序号	名称	图例	说明
16	园灯		
17	饮水台		
18	指示牌		
19	护坡	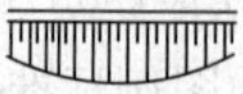	
20	挡土墙	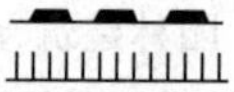	突出的一侧表示被挡土的一方
21	排水明沟	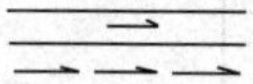	上图用于比例较大的图面；下图用于比例较小的图面
22	有盖的排水	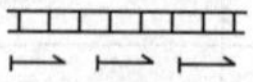	上图用于比例较大的图面；下图用于比例较小的图面
23	雨水井		
24	消火栓井		
25	喷灌点		
26	道路	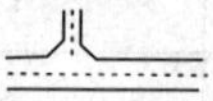	
27	铺装路面		
28	台阶	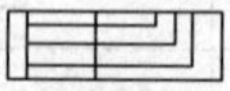	箭头指向表示向上
29	铺砌场地	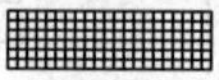	也可依据设计形态表示
30	车行桥	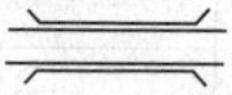	也可依据设计形态表示
31	人行桥	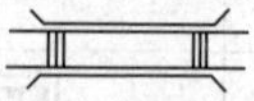	
32	亭桥	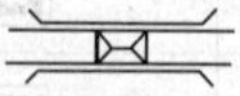	
33	铁索桥		
34	汀步		

2. 在总平面图中绘制建筑及小品

园林建筑既有使用功能，又有造景功能，是园林的基本元素之一，也是园林艺术的一种组织手段。建筑平面图是表示建筑物及附属物所在平面位置的水平投影，是用来确定建筑

与周围环境关系的图纸,为以后的设计、施工提供依据。绘制建筑平面图时应注意以下几点:

(1)熟悉图2-39中所分析的建筑总平面图中的图例。

(2)标注标高。建筑总平面图中应标注建筑物首层室内地坪标高、室外地坪及道路的标高、等高线的高程等。图中所注的标高和高程均为绝对标高。

(3)新建工程的定位。新建工程一般根据原有房屋、道路或其他永久性建筑定位,如新建范围内无参照标志时,可根据测量坐标绘出坐标方格网,确定建筑及其他构筑物的位置,如图2-39所示。

(4)如有地下管线或构筑物,图中也应画出它们的位置,以便作为平面布置的参考。

(5)绘制比例、风向玫瑰图时,注写标题栏。当总平面图的范围较大时,通常采用较小比例,如1:300、1:500、1:1000等。

3. 绘制园林建筑及小品的方法

绘制园林建筑及小品的方法一般有如下4种。

(1)抽象轮廓法。该法适用于小比例总体规划图,以反映建筑的布局及相互关系,如图2-40所示。

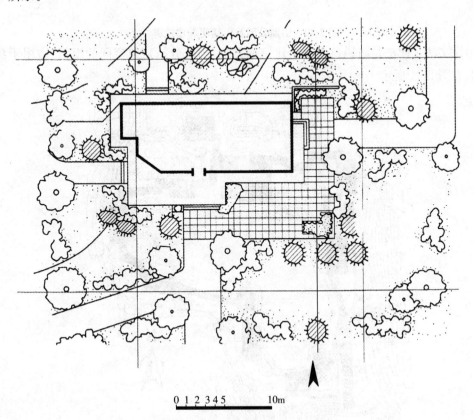

图2-39 在总平面图绘制建筑与配景

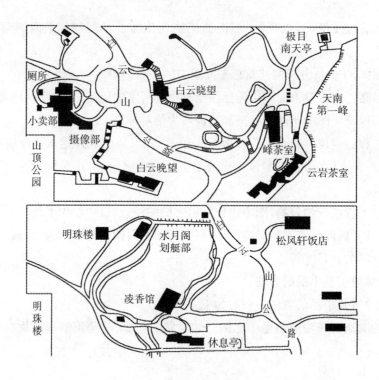

图 2-40　山顶公园及山麓明珠建筑群

(2)涂实法。此法是将墨色平涂于建筑物之上,用以分析建筑空间的组织,适用于功能分析图,如图 2-41 所示。

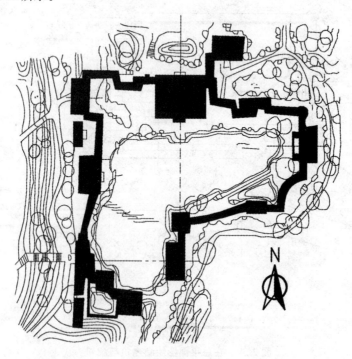

图 2-41　北京颐和园谐趣园平面功能图

(3)平顶法。此法是将建筑屋顶画出,可以清楚地辨出建筑顶部的形式、坡向等,适用于总平面图,如图 2-42 所示。

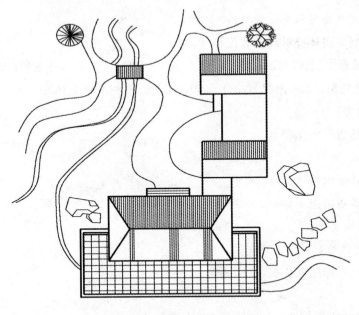

图 2-42　平顶法绘制总平面图

(4)剖平面法。此法适用于大比例绘图,可将景观建筑平面布局进行清晰表达,是较常用的绘制单体景观建筑的方法,如图 2-43 所示。

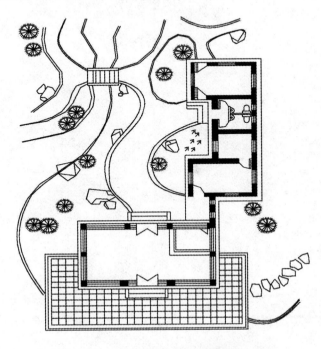

图 2-43　剖平面法绘制平面图

课外实训项目

模拟角色：园林公司基层设计员。

实训任务：制定园林公司规范作图标准。

案例图纸：附录中《总图制图标准》(GBT 50103—2010)、《风景园林图例图示标准》(CJJ 67—1995)、《房屋建筑制图统一标准》(GBT 50001—2010)中相关规范标准。

项目成果内容：

(1)园林植物图例图示标准。

(2)园林山石、地形图例图示标准。

(3)园林建筑图例图示标准。

(4)园林道路图例图示标准。

成果文件编制要求：

(1)用 A3 图纸绘制。

(2)要求图纸中标题栏正确，字体规范。

思考题：

制图规范有何现实意义？如何提高手工制图速度？

项目 3
园林剖面图和断面图的绘制

项目描述

通过绘制园林形体的剖面图和断面图，全面了解剖面图和断面图的组成及作用，初步掌握剖面图、断面图的绘制方法以及《房屋建筑制图统一标准》(GB/T50001—2010)中剖面图、断面图的表达方法。

任务描述

识读室外台阶、其他园林形体实体图或直观图，完成剖面图、断面图标准规范实训任务。

教学目标

能力目标：
能识读并根据制图规范正确绘制园林形体的剖面图和断面图。
知识目标：
1. 理解剖面图和断面图的形成及概念。
2. 掌握剖面图和断面图的类型、标注方法及绘制方法。

项目支撑知识链接

链接1　剖面图与断面图的形成和概念

对于一般形体而言，平面图、正立面图和左立面图即可完整、清楚地表达其形状或构造。但当视图所表示的物体内部结构较复杂时，视图上将会出现许多虚线。这些虚线的出现，不仅影响图面的清晰度，而且给物体尺寸的标注带来不便。为了能在投影图中直接表达出工程图形的内部形状、构件和材质，解决上述问题，应采用剖面图或断面图来表示。

假想用一特殊平面 P 将物体剖开，然后移去平面 P 和观察者之间的部分，把剩余的部分向投影面作正投影，此时所得的视图称为"剖面图"，特殊平面 P 称为"剖切平面"。若只画出剖切平面与物体截切所得到的断面图形的投影图,则该投影图称为"断面图"。

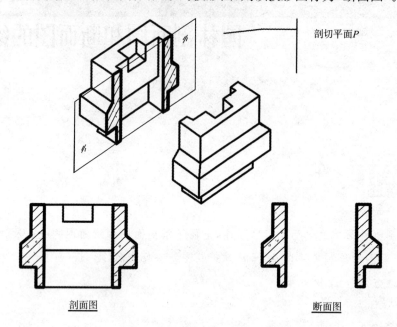

图 3-1　剖面图与断面图的形成

链接2　剖面图与断面图的种类

1. 剖面图种类

根据物体的不同特点和要求,采用不同的剖切方式可得到不同的剖面图。

(1)全剖面图。全剖面图是用一个剖切平面把物体整个切开后所画出的剖面图。它多在某个方向上视图形状不对称,或外形虽对称,但物体内部结构较复杂时使用。常用全剖面图表达物体的内部结构,如图3-2所示。

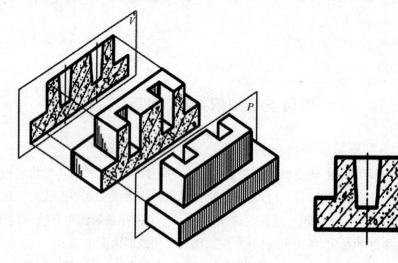

图 3-2　全剖面图

(2)半剖面图。如果被剖切的形体是对称的,画图时常把投影图的一半画成剖面图,另一半画成形体的外形图,这种由半个剖面和半个视图所组成的图形称为"半剖面"。这种画法比较适用于内外部结构相对较复杂的形体。

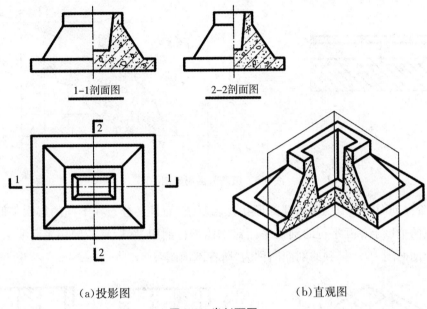

图 3-3　半剖面图

(3)局部剖面图。用剖切平面局部地剖开物体,以显示物体该局部的内部形状,所画出的剖面图称为"局部剖面图"。该图适用于只需要显示其局部构造或多层次构造的物体。局部剖面图的波浪线或断开界线不应与任何图线重合,如杯形基础的局部剖面图、道路分层局部剖面图等。

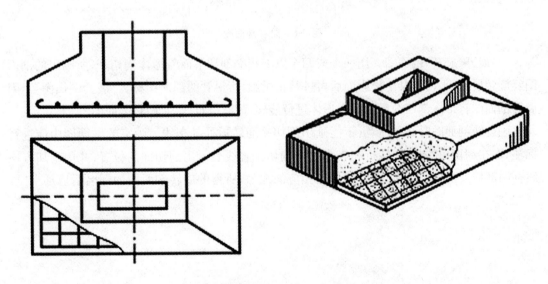

图 3-4　杯形基础的局部剖面图

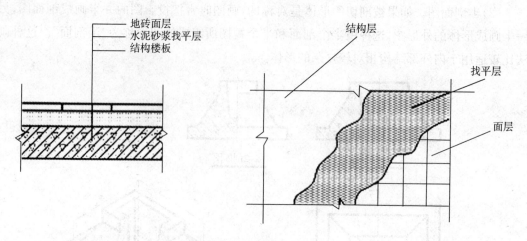

图3-5　道路分层局部剖面图

（4）阶梯剖面图。当物体内部的形状比较复杂，而且又分布在不同的层次上时，则可采用两个或两个以上相互平行的剖切平面对物体进行剖切，然后将各剖切平面所截的形状画在同一个剖面图中，所得到的剖面图称为"阶梯剖面图"。

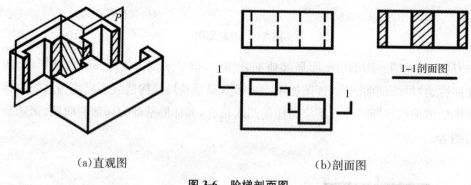

（a）直观图　　　　　　　　　　　　（b）剖面图

图3-6　阶梯剖面图

（5）展开（旋转）剖面图。用两个或两个以上相交剖切平面将形体剖切开，所画出的剖面图经旋转展开，平行于某个投影面后再进行正投影，所得到的剖面图称为"展开剖面图"。因展开剖面图将形体剖切开后需要对形体进行旋转，故有时也称为"旋转剖面图"。

画旋转剖面图时必须注意：不能画出剖切平面转折处的交线。画完的剖面图中应进行标注，即在剖切面的起始、转折和终止处用剖切位置线表示出剖切面的位置，并用剖切方向线标明剖切后的投影方向，然后标注出相应的编号，所得的旋转剖面图的图名后应加上"展开"二字。

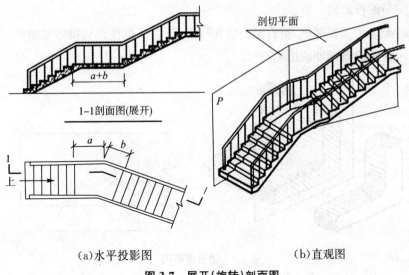

(a)水平投影图　　　(b)直观图

图 3-7　展开(旋转)剖面图

2. 断面图种类

根据布置位置的不同,断面图可分为移出断面图、重合断面图和中断断面图 3 种类型。

(1)移出断面图。画在视图轮廓之外的断面图称"移出断面图"。

画移出断面图时应注意:

①轮廓线用粗实线绘制,轮廓线内画图例符号。

②当物体有多个断面图时,断面图应按剖切顺序排列。

③如果移出断面画在剖切平面的延长线上时,一般应标注剖切位置、投影方向和断面名称。

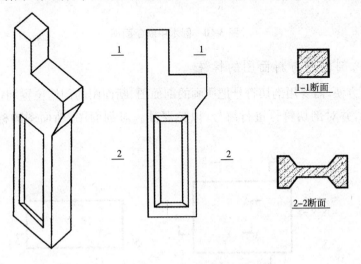

图 3-8　移出断面图

(2)重合断面图。画在视图轮廓之内的断面图称"重合断面图"。

画重合断面图时应注意:

①比例应与原投影图一致。
②假设的剖切平面在哪里,重合断面就在哪里,不需要标注剖切符号和编号。
③断面轮廓线的内侧加画图例符号。

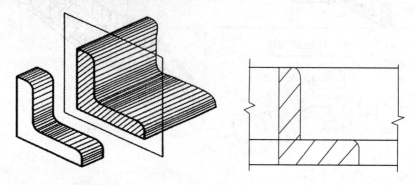

图 3-9　重合断面图

(3)中断断面图。画在构件投影图中断处的断面图称"中断断面图"。

画中断断面图时应注意:
①中断断面的轮廓线用粗实线绘制。
②断开位置用波浪线、折断线等表示,但必须是细线。
③图名沿用原投影图的名称。

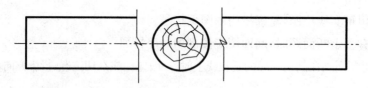

图 3-10　圆木中断断面图

链接3　剖面图与断面图的标注

为了读图方便,需要用剖切符号把所画的剖面图、断面图的剖切位置和投影方向在投影图上表示出来,并对剖切符号进行编号,以免混乱。对剖面图、断面图的标注方法有如下规定。

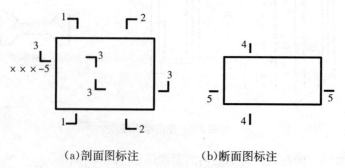

(a)剖面图标注　　　(b)断面图标注

图 3-11　剖面图与断面图的标注

(1)用剖切位置线表示剖切平面的剖切位置。剖切位置线实质上就是剖切平面的积聚投影,用两小段粗实线(长度为6～10mm)表示,并且不宜与图面上的图线相接触,如图3-11所示。

(2)剖切后的投影方向用垂直于剖切位置线的短粗线(长度为4～6mm)表示,若图在剖切位置线的左侧,则表示向左方投影,如图3-11(a)所示。

(3)剖切符号宜采用阿拉伯数字,按顺序由左至右、由下至上连续编排,并注写在投影方向的端部。当剖切位置线需转折时,在转折处如与其他图线发生混淆,应在转角的外侧加注与该符号相同的编号,如图3-11(a)中的3-3所示。

断面图的编号如图3-11(b)所示,注写在观看方向一侧,如4-4断面表示向左观看,而5-5断面表示向下观看。

(4)剖面图如与被剖切图样不在同一张图纸内,可在剖切位置线上的一侧注明所在图纸的图纸号。如图3-11(a)中的3-3剖切位置线下侧"×××-5",即表示3-3剖面图在×××-5图纸上。

(5)对习惯使用的剖切符号(如画房屋平面图时,通过门、窗洞的剖切位置)以及通过构件对称平面的剖切符号,可以不在图上作任何标注。

(6)在剖面图或断面图的下方或一侧写上与该图相对应的剖切符号的编号,作为该图的图名,如"1-1"、"2-2",并在图名下方画上一条与字位等长的粗实线。

链接4　园林工程形体剖面图、断面图绘制步骤

第1步,确定剖切平面位置。为了更好地反映出物体内部形状和结构,所取的剖切平面应是投影面的平行面,且应尽可能地通过物体上所有的孔、洞、槽的轴线。如图3-12所示,取通过台阶内部踏级石的正平面为剖切平面,则所得剖面的正面投影反映实形。

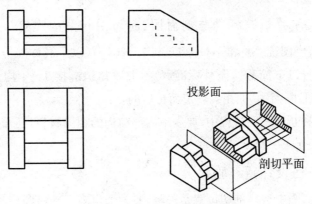

图 3-12　确定剖切平面位置

第2步,画剖面剖切符号。剖切平面位置确定后,应用剖切符号表示,这样既便于读图,也为下一步作图打下了基础,如图3-13(a)和3-13(b)所示。

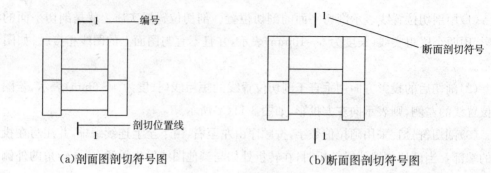

图 3-13　剖切符号图

第 3 步，画剖面图和断面图。剖面图中所画的是物体被截切后剩余的部分，包括断面的投影和剩余部分的轮廓线投影两部分内容；断面图中所画的是剖切平面与物体截切所得到的截面的正投影图，如图 3-14 所示。

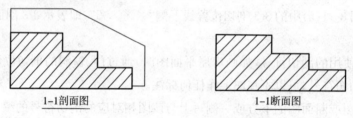

图 3-14　绘制剖面图与断面图

第 4 步，画建筑材料图例。物体的材料图例应画在断面轮廓内，当物体建筑材料不明时，也可用等距的 45°斜线（类似于砖的材料图例）表示，如图 3-14 所示。

第 5 步，标注剖面图名称。若图中同时有若干剖面图需要标注时，应采用不同的数字或字母按照顺序依次标注。

链接 5　国家相关规范标准与剖面图、断面图相关的规定

详见《房屋建筑制图统一标准》（GB/T50001—2010）（以下简称"《房建规范》"）和《风景园林图例图示标准》（以下简称"《园林标准》"）。上述知识链接 1～4 均是遵照《房建规范》10.3 中关于"剖面图、断面图"的相关规定而扩展的。

在绘制剖面图和断面图的过程中，要表示内部结构的相关材料，还需熟悉规范中关于材料的使用标准（见项目 1-3 表 1-5）。

链接 6　施工图设计师经验知识

（1）剖面图、断面图中选择剖切位置是关键，要为工程施工提供图样服务，不能为了画图而盲目确定位置线。

（2）在作图过程中，绘图人员要对所绘制对象的空间结构特征非常熟悉，这样在作图的过程中才能防止不漏线条。

（3）绘图人员要严格遵守图线、图例的规范要求，该画粗线就画粗线，以此类推，才能准确表达内部结构。

课外实训项目

模拟角色:施工图绘图员。

实训任务:识读园林景墙平立面,并绘制规定部位的断面图和剖面图。

案例图纸:见案例图纸 3-1 或由授课教师提供。

项目成果内容:园林景墙断面图、剖面图。

成果文件编制要求:

(1)用 A3 图纸绘制。

(2)要求图纸中标题栏正确,字体规范。

思考题:

剖面图和断面图有哪些区别和联系?

项目 4
园林总平面图的识读与绘制

项目描述

通过识读、绘制某园林设计总平面图,全面了解总平面图所表达的内容及要求,初步掌握总平面图的识读、绘制步骤及方法。

任务描述

1. 识读某庭院景观设计总平面图,掌握园林总平面图识读的一般步骤和总平面图所表达的基本内容。

2. 抄绘某庭院景观设计总平面图,掌握园林总平面图的绘制要求及绘图步骤。

教学目标

能力目标:
1. 能按照一定步骤正确识读园林设计总平面图。
2. 能遵循相关制图规范正确绘制小型园林设计总平面图。

知识目标:
1. 能说出总平面图的表达内容。
2. 了解总平面图的作用及绘制要求。

项目支撑知识链接

链接 1　园林总平面图的表达内容及要求

园林设计总平面图是表现规划范围内的各种景观要素(如地形、水体、山石、建筑小品、植物等)布局位置的水平投影图,反映的是设计地段总的设计内容,是整个设计项目中绘制其他各类图纸的依据。园林总平面图设计主要包括以下内容。

1. 说明性的文字及标示

(1)指北针(或风向玫瑰图)。

(2)绘图比例(比例尺)。

(3)文字说明。

(4)景点、建筑物或者构筑物的名称标注。

(5)图例表。图例表用于说明图中一些自定义的图例对应的含义。

(6)图框、标题栏、会签栏。

2. 景观要素布局

(1)地形。地形的高低变化及其分布情况通常用等高线或标高来表示。

(2)水体。水体通常用两条线表示,外面一条表示水体边界线(驳岸线),用粗实线绘制;里面一条表示水面,用细实线绘制。

(3)山石。用粗实线绘出山石水平投影轮廓,用细实线绘出皱纹。

(4)建筑、小品。在大比例图纸中,对于有门窗的建筑,可采用通过窗台以上部位的水平剖面图来表示;对于没有门窗的建筑,采用通过支撑部位的水平剖面图来表示;对于坡屋顶建筑,可以采用屋顶平面来表示;园林小品需画出水平投影轮廓。

在小比例图纸中,只需用粗实线画出水平投影外轮廓线,而园林小品可不画。

(5)道路、广场。景观要素包括道路中心线、边线、广场范围、主要出入口及铺装。

(6)植物。乔、灌木通常用植物图例表示,植丛、地被植物只需画出种植区域轮廓线。

3. 定位尺寸或坐标网格

定位尺寸标注是根据原有景物定位,标注新设计的主要景物与原有景物之间的相对距离。坐标网格坐标分为测量坐标和施工坐标。测量坐标为绝对坐标,测量坐标网应画成交叉十字线,坐标代号宜用X、Y表示。施工坐标为相对坐标,相对零点通常宜选用已有建筑物的交叉点或道路的交叉点,为区别于绝对坐标,施工坐标用大写英文字母A、B表示。

链接2 园林总平面图的识读步骤

(1)看图名、比例、指北针或风向玫瑰图。

(2)看标高、等高线。

(3)看图例和说明文字。

(4)看坐标和尺寸。

链接3 园林总平面图的绘制步骤

(1)确定图幅、绘图比例、图例和图线。

(2)绘制景观组成要素。

(3)绘制坐标网格。

(4)标注定位尺寸、标高。

(5)绘制图框、比例尺、指北针,注写标题栏、会签栏。

(6)编写图例表、设计说明。

链接4 国家相关规范标准

详见《房屋建筑制图统一标准》(GB/T50001—2010)、《风景园林图例图示标准》(CJJ 67—

1995)和《总图制图标准》(GB/T50103—2010)。

链接5　施工图设计师经验知识

(1)园林总平面图包含的内容繁多,可以按照前述绘图步骤依次进行绘制,在绘制景观要素平面投影时,也可以分类别逐项绘制(如按照地形→水体→道路→建筑→植物等次序),以免杂乱和遗漏。

(2)当总平面图比例较小,图上难以清晰地表达设计元素时,应绘制分区平面图,并在总平面图上用索引符号标出。

(3)绘图人员要严格遵守图线、图例的规范要求,该画粗线就画粗线,以此类推,才能准确表达内部结构。

课外实训项目

模拟角色:施工图绘图员。

实训任务:正确识读某园林设计总平面图,并按照相关制图标准抄绘该设计总平面图。

案例图纸:见案例图纸4-1或由授课教师提供。

项目成果内容:某园林设计总平面图。

成果文件编制要求:

(1)用A3图纸绘制。

(2)要求图纸中标题栏正确,字体规范。

思考题:

总平面图在园林中的作用是什么?提高作图效果和美观度有哪些基本要求?

项目4 园林总平图的识读与绘制

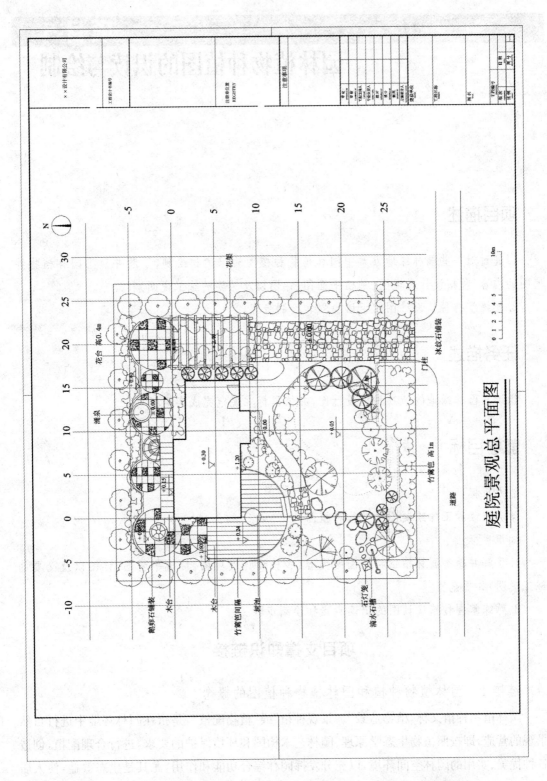

图 4-1 某庭院景观总平面图(本图横向与竖向比例缩放不一致,仅供教学识图用)

项目 5
园林植物种植图的识读与绘制

项目描述

1. 通过对一些园林绿地方案中园林植物种植图的识读和绘制,了解并熟悉园林植物种植图的内容(种植设计表现图、种植平面图、详图以及必要的施工说明)和规范。

2. 熟练掌握种植设计图的识读步骤和绘制步骤。

任务描述

识读某园林绿地的植物种植设计图,并依据标准规范完成实训任务。

教学目标

能力目标:
学会识读和正确绘制园林植物种植图。
知识目标:

1. 了解并熟悉园林植物种植图的内容(种植设计表现图、种植平面图、详图以及必要的施工说明)和规范。

2. 熟练掌握种植设计图的识读步骤和绘制步骤。

项目支撑知识链接

链接 1　园林植物种植和园林植物种植图的概念

园林植物种植又称"植物造景"、"景观种植"或"植物配植",是指在园林环境中进行自然景观的营造,即按照植物生态学原理、园林艺术构图和环境保护的要求,进行合理配植,创造各种优美、实用的园林空间环境,以充分发挥园林综合功能和作用,尤其是生态效益,使人居环境得以改善的一种方法。

园林植物种植图是表示设计植物的种类、数量、规格、种植位置及类型和要求的平面图样,是组织施工、编制预算和植物后期养护管理的重要依据。

链接2　园林植物种植图的内容

园林植物种植图又称"园林植物配置图",是用相应的平面图例在图样上表示设计植物的种类、数量、规格、种植位置等,根据图样的比例和植物的种类在图例内用阿拉伯数字对植物进行标号,也可以用标注文字直接标注,具体包含的内容如下所述。

1. 苗木统计表

通常在图纸上适当的位置用列表的方式绘制苗木统计表,具体统计并详细说明图纸设计植物的编号、图例、种类、规格(树干直径、高度和冠幅)和数量等。

2. 施工说明

施工说明是对植物的前期选苗、中期栽培、后期养护管理过程中需要注意的问题进行的说明。

3. 植物种植位置

图样上应确定植物的种植间距,并定位于对应位置。

4. 植物种植点的定位尺寸

通常情况下,不同设计形式的种植方案相应采取符合其自身特点的标注尺寸方式。

(1)自然式种植设计图。由于植物的自然式种植本身比较追求艺术气息,都用坐标网格来对植物的具体位置进行控制,所以不必过于精密,可以采用坐标网格的形式来对植物的位置进行定位,如图5-1所示。

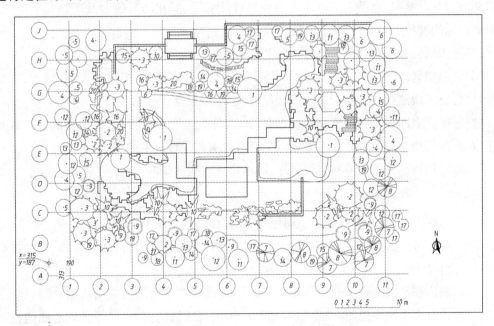

图 5-1　自然式种植设计图植物种植点的定位

(2)规则式种植设计图。由于规则式种植大多采用几何式种植方式,所以可以直接在图样上用具体的尺寸标出植物的株间距、行间距以及端点植物和参照物之间的距离,如图5-2所示。

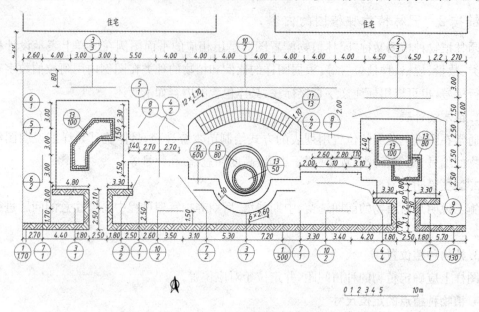

图5-2 规则式种植设计图植物种植点的定位

(3)某些有着特殊要求的植物景观,还需给出这一景观的施工放样图和剖面图、断面图。

链接3 园林植物种植图的识读与步骤

阅读园林种植图,有助于了解作者的种植设计意图、绿化的目的以及理想化的效果,明确图纸设计的种植要求和后期施工,便于作出工程预算。

(1)看图纸的标题栏、比例、风向玫瑰图和图纸设计说明。

(2)根据植物图例及图纸注写说明、代号及苗木统计表,了解植物的名称、种类、规格和数量,结合施工做法和技术要求,验核或编制种植工程预算。

(3)仔细查看图示植物种植位置及配植方法,分析方案是否合理、植物种植的位置与各种建筑物、构筑物和市政地下管线的距离是否符合有关设计规范的规定。

(4)查看植物的种植规格和定位尺寸,明确定点放线的基准。

链接4 园林植物种植图的绘制与步骤

(1)根据绘图或施工要求,选择绘图比例(园林植物种植图的图纸比例不宜过小,一般不小于1:500,否则无法表现出植物种类及其特点),确定图幅,画出坐标网格(10×10或8×8等),确定定位轴线。

(2)绘制出图纸内部主要的造园要素。以园林设计总平面图为绘制依据,画出建筑、水体、道路等园林要素的平面图,并绘制出地下管线或构筑物的位置,以便合理地确定植物的种植位置。在绘制过程中,要严格依照《房屋建筑制图统一标准》(GB/T50001—2010)和《风景园林图例图示标准》(CJJ 67—1995)的规范进行绘制。

(3)绘制的方案用地中如有需要保留的树木,要先标出要保留的现有树木。

(4)绘制出植物的种植设计图。植物种植设计图分为自然式种植设计图和规则式种植设计图。

①自然式种植设计图。将设计的植物用植物的平面图例表现方式绘制在所设计的种植位置上。植物冠幅的大小应以成龄树木的标准冠幅为标准,如图5-1所示。

②规则式种植设计图。规则式种植设计图的绘制比自然式的难一些,例如,对单株或丛植的植物,要用圆点标出种植位置;对于蔓生种植和呈片状种植的植物,要用细实线绘制出种植范围;草坪用小圆点或短线法表示,如用小圆点绘制,小圆点要绘得疏密有致;对于同一树种,在可能的情况下尽量以粗实线连接起来,并用索引符号逐个标号。索引符号用细实线绘制,圆圈的上半部标注植物编号,下半部标注数量,如图5-2所示。

(5)编制苗木统计表。如果绘制的种植图上有空间,应在图中适当的位置标注说明所设计的植物编号、名称、单位、数量、规格、出圃年龄等内容;如果图纸上没有空间,可以在设计说明书中附表说明,见表5-1。

(6)标注株行距、坐标网格,对植物进行定位。通常采用尺寸标注和坐标网来对植物进行定位。如图5-1所示为自然式种植设计图,适合用坐标网格的方式对植物进行标注定位;如图5-2所示为规则式种植设计图,适合用相对某一原有地上物体,采取尺寸标注的方式来确定植物的位置。

(7)编写种植设计的施工说明。种植设计的施工说明主要包括:植物种植放线的依据说明;与市政设施、管线管理单位配合的说明;土层处理、施肥的要求说明;影响植物种植因素的说明,如气候、水文条件等。

(8)绘制指北针或风向玫瑰图,注意标注比例,绘制标题栏。

表 5-1 苗木统计表(示例)

编号	树种		单位	数量	规格		出圃年龄	备注
					干径/cm	高度/m		
1	垂柳	*Salix babylonica*	株	4	5		3	
2	白皮松	*Pinus bungeana*	株	8	8		8	
3	油松	*Pinus tabulaeformis*	株	14	8		8	
4	五角枫	*Acer mono*	株	9	4		4	
5	黄栌	*Cotinus coggygria*	株	9	4		4	
6	悬铃木	*Platanus orienfalis*	株	4	4		4	
7	红皮云杉	*P. koraiensis*	株	4	4		8	
8	冷杉	*Abies hclophylla*	株	4	4		10	
9	紫杉	*Taxus cuspidata*	株	8	8		6	
10	爬地柏	*S. procumbens*	株	100		1	2	每丛 10 株
11	卫矛	*Euonymus alatus*	株	5		1	4	

(9)检查并完成全图,可以对图纸进行色彩渲染。

链接 5　国家相关规范标准与植物种植图相关规定

关于植物种植图的绘制,请严格参照《风景园林图例图示标准》(CJJ 67-1995)中关于植物平面图例的表述。

在《园林植物种植规范》(试行)中也对植物种植图的设计绘制作出了以下规定:

(1)电线电压在 380V 以下时,树枝至电线的水平距离及垂直距离均不小于 1m。

(2)电线电压为 3300~10000V 时,树枝至电线的水平距离及垂直距离均不小于 3m(见表 5-2)。

(3)树木及地下管线的间距应符合有关规范的要求。

(4)树木与建筑物、构筑物的平面距离符合规定要求(见表 5-3)。

表 5-2　植物种植与电力设施安全距离一览表

建筑物、构筑物名称	距乔木中心不小于(m)	距灌木边缘不小于(m)
电力电讯杆	2.00	0.75
电力电讯拉杆	1.50	0.75
路旁变压器外缘、交通灯柱、警亭	3.00	不宜种
路牌、消防龙头交通指示牌、站牌、邮筒	1.50	不宜种
天桥边缘	3.00	不宜种

表 5-3　植物种植与周边构筑物安全距离一览表

建筑物、构筑物名称	距乔木中心不小于(m)	距灌木边缘不小于(m)
公路铺筑面外侧	0.80	2.00
道路侧石线边缘	0.70~0.95	不宜种
高 2m 以下围墙及挡土墙	1.00	0.50
高 2m 以上围墙	2.00	0.50
建筑外墙无门窗	2.00	0.50
建筑外墙有门窗	4.00	0.50

道路交叉口及道路转弯处种植树木应满足车辆的安全视距要求。城市立体交叉道路绿地、护坡、高架道路下绿化种植要考虑满足交通、城市景观和特殊条件种植的各项规定,满足养护工程需要。

链接 6　植物种植设计师经验知识

(1)在进行植物配植设计之前,要先进行现场分析,包括现状分析和图纸分析。通过这些分析,需要明确的内容有:现场有无建筑物;在有建筑物的情况下,明确其体量、风格;明确道路流线,确定各个景观视点的位置;了解地形。

(2)设计与绘图顺序要严格按照"先主景树后骨干树,先画乔木,再画灌木,最后确定草坪线"的要求。

(3)绘制植物种植设计图时,要严格按照有关规范作图。

(4)植物种植设计图在方案设计阶段、扩初阶段、施工阶段的图纸表达上有区别,为熟悉和掌握相关图纸的区别与联系,要多看相关图纸,提高对图纸的敏感度。

课外实训项目

模拟角色:植物种植设计图绘图员。

实训任务:识读园林植物的种植设计图,并进行绘制。

案例图纸:见案例图纸5-1或由授课教师提供。

项目成果内容:园林植物种植设计图的识图与绘制。

成果文件编制要求:

(1)用 A3 图纸绘制。

(2)要求图纸中标题栏正确,字体规范。

思考题:

植物种植设计图绘图的基本步骤是什么?如何提高种植设计图作图速度?

项目 6
园林竖向设计图的识读与绘制

项目描述

通过识读、绘制庭院景观竖向图、园林地形设计等施工图,全面了解竖向设计图所表达的内容及要求,初步掌握竖向设计图的绘制步骤及方法。

任务描述

1. 识读并绘制别墅景观竖向设计图,掌握庭院景观竖向设计图所表达的内容及识读和绘制的一般步骤和方法。

2. 识读园林竖向设计工程图,掌握竖向设计施工图所表达的内容及识读和绘制的一般步骤。

教学目标

能力目标:
1. 能识读园林竖向设计图。
2. 能绘制简单的园林竖向设计图。

知识目标:
1. 能说出竖向设计图的内容和作用。
2. 能运用竖向设计图的表现手法和制图规范。

项目支撑知识链接

链接 1 竖向设计图包含的内容及识图步骤

竖向设计是总体规划设计的组成部分,需要与总体规划设计同时进行。竖向设计图是根据园林设计平面图及原地形图绘制的地形平面详图,它表明了地形在竖向的变化情况,是进行地形改造及土石方预算等工作的依据。在中小型园林工程中,竖向设计一般可以在总平面图中表达。但是，如果园林地形比较复杂，或者园林工程规模比较大时，在总平面图上就不易清楚地把总体规划内容和竖向设计内容都表达得很清楚，这时就需要单独绘制园林竖向设计图，如图 6-1、图 6-2 所示。

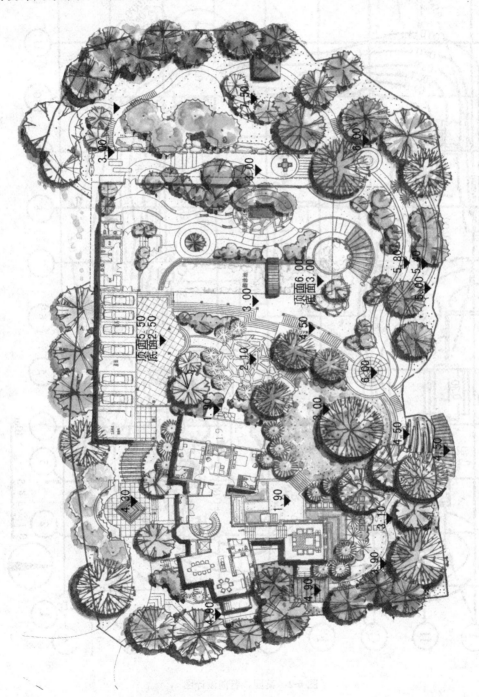

图 6-1　某别墅庭院景观竖向设计图

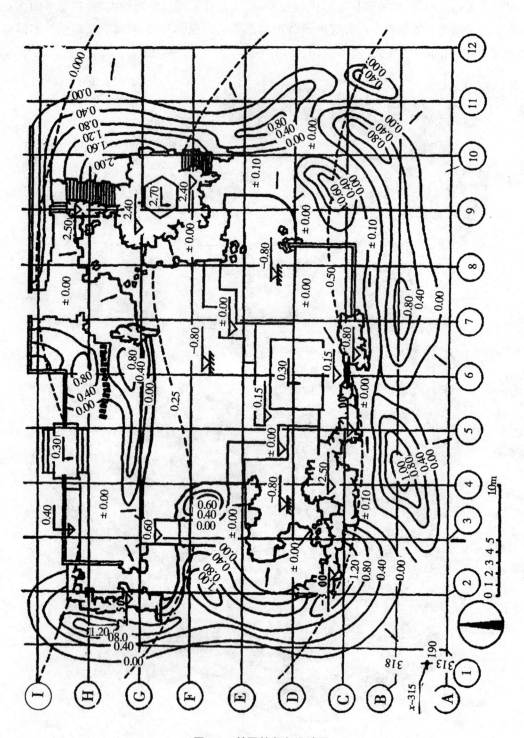

图 6-2 某园林竖向设计图

现以图 6-2 所示某园林竖向设计图为例,说明看图的方法和步骤。

(1)看图名、比例、指北针、文字说明。了解工程名称、设计内容、所处方位和设计范围。

(2)看等高线。看等高线的分布及高程标注,了解地形高低变化、水体深度,与原地形进行对比,了解土方工程情况。从图中可见,该园水池居中,近方形,常水位为 −0.20m,池底平整,标高均为 −0.80m,游园的东部、西部及南部分布坡地土丘,高度为 0.60~2.00m,以东北角最高,结合原地形高程可见中部挖方量较大,东北角填方量较大。

(3)看建筑、山石和道路高程。图中六角亭置于标高为 2.40m 的石山上,亭内地面标高为 2.70m,成为全园最高点。水榭地面标高为 0.30m,拱桥桥面最高点为 0.6m,曲桥标高为 0.00m。园内布置假山 3 处,高度为 0.80~2.50m,西南角假山最高。园中道路较平坦,除南部和西部部分路面略高外,其余均为 0.00m。

(4)看排水方向。从图中可见,该园利用自然坡度排出雨水,大部分雨水流入中部水池,而后由四周流出园外。

链接 2　竖向设计图的表达方法

竖向设计图的表示方法主要有设计标高法、设计等高线法和局部剖面法 3 种。一般来说,平坦场地或对室外场地要求较高的地方常用设计等高线法表示,坡地场地常用设计标高法和局部剖面法表示。

1. 设计标高法(高程箭头法)

如图 6-3 所示,该方法根据地形图上所指的地面高程,确定道路控制点(起止点、交叉点)与变坡点的设计标高、建筑室内外地坪的设计标高以及场地内地形控制点的标高,并将其注在图上。设计道路的坡度及坡向的表示方式:以地面排水符号(即箭头)表示不同地段、不同坡面地表水的排除方向。

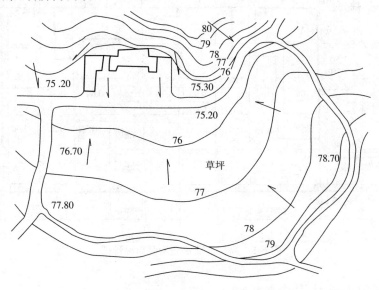

图 6-3　标高法表示竖向设计图

2. 设计等高线法

如图 6-4 所示,用等高线表示设计地面、道路、广场、停车场和绿地等的地形设计情况。用设计等高线法表达地面设计标高清楚明了,能较完整地表达任何一块设计用地的高程情况。

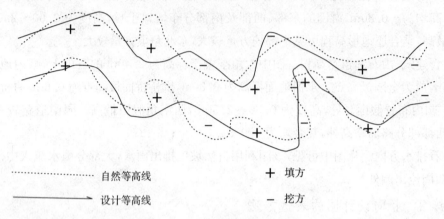

图 6-4 等高线法表示竖向设计图

3. 局部剖面法

如图 6-5 所示,该方法可以反映重点地段的地形情况,如地形的高度、材料的结构、坡度、相对尺寸等。用此法表达场地总体布局时的台阶分布、场地设计标高及支挡构筑物设置情况最为直接。对于复杂的地形,必须采用此法表达设计内容。此法在园林工程施工技术或园林工程设计中会作进一步的介绍。

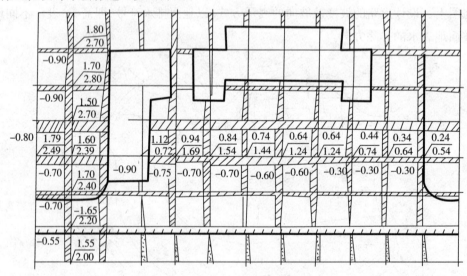

图 6-5 局部剖面法表示竖向设计图

链接 3　竖向设计图绘图步骤

下面以高程箭头法和设计等高线法相结合进行竖向设计,来介绍图纸绘制的要求、表达方法和步骤。

1. 绘制竖向设计图的要求

(1)图纸平面比例。图纸平面比例多采用1:200～1:1000,常用1:500。

(2)等高距。设计等高线的等高距应与地形图相同。如果图纸经过放大,则应按放大后的图纸比例选用合适的等高距。一般可用的等高距为0.25～1.00m。

(3)图纸内容。用国家颁发的《总图制图标准》(GB/T50103－2010)所规定的图例表示园林各项工程平面位置的详细标高,如建筑物、绿化、园路、广场、沟渠等的控制标高,要表示坡面排水走向。制作土方施工用的图纸,则要注明进行土方施工各点的原地形标高与设计标高,标明填方区和挖方区,编制土方调配表。

2. 绘制竖向设计图的表达步骤

(1)绘制设计地形的等高线。在设计总平面底图上,用红线绘出自然地形。设计地形的等高线可以用绿色细实线绘制,并在等高线的断开处标注该等高线的高程数字,高程数字的单位为米。

(2)标注标高。标注园林内各处场地的控制性标高和主要园林建筑的坐标、室内地坪标高以及室外整平标高。建筑物应标注室内首层地面的标高,山石一般标注其最高部位的标高,道路的标高一般标注在交汇处、转向处的位置。

(3)用单边箭头标注排水方向。注明园路的纵坡度、变坡点距离和园路交叉口中心的坐标及标高;注明排水明渠的沟底面起点和转折点的标高、坡度以及明渠的高宽比。

(4)进行土方工程量计算,根据算出的挖方量和填方量进行平衡,如不能平衡,则调整部分地方的标高,使土方量基本达到平衡(此条是设计师在设计时必须坚持的原则)。

(5)绘制指北针、注写比例等。

(6)编制图例及设计说明。

(7)在有明显特征的地方,如园路、广场、堆山、挖湖等土方施工项目所在地,绘出设计剖面图或施工断面图,直接反映标高变化和设计示意图,以方便施工。

链接4　园林设计师经验知识

(1)园林竖向设计图是园林要素中地形和水体、山石最重要的表达手法之一,而且这些要素是造景成功的重要制约因素。作为初学者和施工人员,不仅要重视看图的重要性,还要理解设计师的意图;而作为设计师,竖向设计一方面要为造景服务,更重要的还要考虑排水、土方就地平衡等功能要求,相对于植物要素来说,前者显得更为重要。

(2)由于竖向设计图多为自然曲线,无法标注各部尺寸,所以为了便于施工,一般也采用方格网控制,方格网的轴线编号应与总平面图相符。

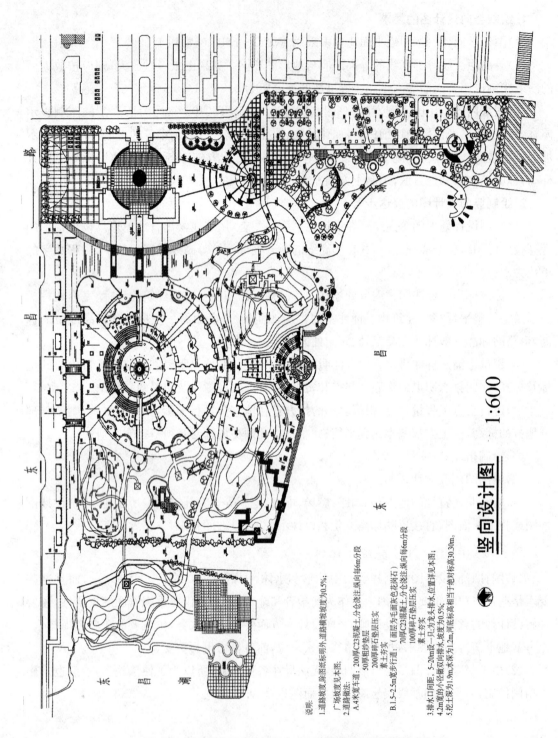

图 6-6 某公园竖向设计图(1:600 为原图为 A3 图纸比例)

课外实训项目

模拟角色:施工图绘图员。

实训任务:正确识读某公园竖向设计图,并按照相关制图标准抄绘施工图纸。

案例图纸:见案例图纸 6-1 或由授课教师提供。

项目成果内容:某公园竖向设计图。

成果文件编制要求:

(1)用 A3 图纸绘制。

(2)要求图纸中标题栏正确,字体规范。

思考题:

(1)竖向设计图与地形图有什么关联?

(2)竖向设计图与假山、置石施工图有什么关联?

(3)快速看图的关键是什么?

项目 7
园林建筑图的识读与绘制

项目描述

通过全面了解《房屋建筑制图统一标准》(GB/T50001—2010)中建筑设计图和施工图的组成及作用,学会识读并绘制相关园林建筑设计图和施工图。

任务描述

识读并掌握园林建筑总平面图、平面图、立面图、剖面图以及建筑详图的绘制方法,了解它们的区别。

教学目标

能力目标:
学会识读并绘制园林建筑设计图和施工图。

知识目标:
能说出园林建筑设计图和施工图包含的内容,包括总平面图、平面图、立面图、剖面图和建筑详图。

一套完整的园林建筑图纸包括建筑总平面图、建筑平面图、立面图、剖面图以及建筑详图等。了解相关的制图规范,掌握正确的绘制步骤,是提高建筑图纸绘制与识读水平的重要因素。本项目主要介绍常用园林建筑图纸识读与绘制的内容、步骤及要求。

项目支撑知识链接

链接1 建筑总平面图和建筑平面图的识读与绘制

1. 园林建筑总平面图

(1)用途。总平面图用于表明一个建筑工程的总体布局。它主要表示房屋建筑的位置、标高、道路布置、构筑物、地形地貌等,是新建房屋定位、施工放线、土方施工以及施工总平面布置的依据。

(2)识读内容。如图 7-1 所示,识读建筑总平面图应得到的信息包括:

①地块的总体布局,如用地范围,各建筑物以及构筑物的位置、名称、层高,道路的宽度、绿地的布局、水系的情况等。

②建筑物首层地坪的相对标高及建筑层数。

③室外地坪、道路的标高,说明土方填挖情况、地面坡度及雨水排除方向。

④指北针表示的房屋朝向(有时会用风向玫瑰图表示常年风向频率和风速)。

⑤市政各种管线图布置情况,包括电力、电信、给排水、道路纵横剖面图以及绿化布置图等。

(3)园林建筑总平面图绘制步骤。

①全面了解园林工程用地范围的地形、地貌现状,包括建筑物、构筑物、道路、水体系统的平面位置,地下物还应了解埋置深度、地面坡度、排水方向等内容。

②选择合适比例,确定图幅大小,布置图面。园林设计图常用比例见表 7-1。

表 7-1 常用园林设计图比例一览表

图纸名称	常用比例	可用比例
总平面图	1:500、1:1000、1:2000	1:2500、1:5000
平、立、剖面图	1:50、1:100、1:200	1:150、1:300
详图	1:1、1:2、1:5、1:10、1:20、1:50	1:25、1:30、1:40

③根据底图坐标系或者自定义坐标原点,绘制坐标网格,网格间距根据实际需要调整,面积较大的可用 50m×50m 或者 100m×100m,面积较小的可用 5m×5m 或者 10m×10m。

④绘制现有地形和地貌,标示出现有构筑物、管线位置及大小。

⑤绘制新规划设计的道路系统、水体系统。

⑥绘制新规划设计的园林建筑物、构筑物及园林设施、小品。

⑦检查底稿完全正确无误后,开始上墨线。一般来说,新建建筑要以粗实线勾画,方格网要以最细的线勾画,其余线条的粗细介于两者之间,某些地下工程或者后期建筑要以虚线表示。

⑧标注尺寸和标高。

⑨注写设计说明。

⑩标注比例,填写标题栏、图签,画出指北针。

2. 园林建筑平面图

(1)概念。建筑(园林建筑)平面图又称"平面图",是为表达出建筑物的墙、柱、门窗、楼梯、地面及内部功能布局等,而用水平投影法和相应的图例所组成的图纸。建筑平面图可作为施工放线、安装门窗、预留孔洞、预埋构件、室内装修、编制预算、施工备料等工作的重要依据。

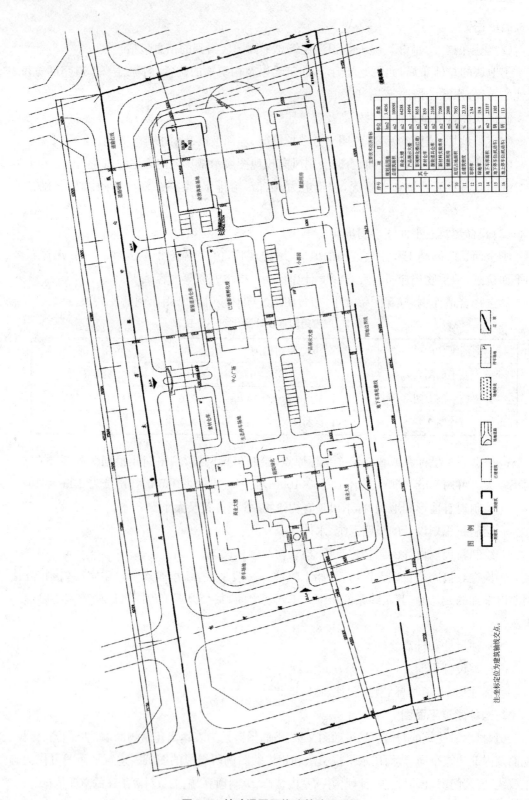

图 7-1 某动漫园区体验基地总平图

(2)识读内容。如图7-2、图7-3所示,识读建筑平面图应得到的信息包括:

①建筑物的平面尺寸、定位轴线及门窗位置。尺寸标注一般有三道线,单位以毫米计算,最外面一道起止于建筑外墙面,称为"总尺寸",如图7-2所示的房屋总长为50.4m,总宽为20.4m;第二道位于定位轴线之间,称为"轴线尺寸",如图7-2所示的①-②轴线尺寸为7.5m;第三道主要标注门窗大小、间距等,称为"细部尺寸",如A轴线上编号为C-2A的窗洞宽为1.8m。

定位轴线是指建筑主要承重墙、柱的轴线,由点画线和一个直径为8mm的圆圈组成,圆圈内部为轴线编号,自左往右以阿拉伯数字编号,自下往上以大写英文字母编号。为避免与阿拉伯数字0、1、2混淆,不使用字母O、I、Z,在英文字母数量不够的时候,可采用双字母或者单字母加数字的形式编号,如AA、BB、A1、B1等。另外,次要承重墙的轴线可采用附加轴线,用分数表示编号,分母代表前一轴线的序列编号,分子表示附加轴线的序列编号。如图7-1所示,左图表示5号轴线后的第1根附加轴线,右图表示A号轴线前面第1根附加轴线。

②建筑内部各房间名称、功能分区组合排列情况及建筑物朝向。

③建筑结构形式和所使用的建筑材料。平面图中可以看出是砖混结构砖墙承重,还是框架结构承重。

④建筑各层标高。建筑标高一般以米作为计量单位,数值保留到小数点后三位,一般认定首层室内地面为相对零标高面,记为"±0.000",如图7-2所示。首层以上均为正数标高,首层以下均为负数标高(标高数字前要加负号"-")。屋顶平面和有排水要求的房间要注坡度,表示排水方向,如图7-3所示,屋顶以1%坡度排水。室外地坪一般为负标高。

⑤门窗的编号、形式及门的开启方向。一般以字母M代表门,以字母C代表窗,在字母的前面或者后面加数字、字母以表示门窗的类型,如图7-2所示,窗户的类型有C-1、C-11、C-2A等;门的类型有M-1、M-3、M-5、FM丙-5等。

⑥剖面图、详图或标准小型构件、配件位置及其编号。如图7-2所示1-1剖切线,表示在此位置有纵向剖面图。

⑦楼梯的位置、形式、上下方向。

⑧相关文字说明。凡在平面图中无法用图来表示的内容,都要注写文字说明,如施工质量要求、室内局部装饰装修做法等。

(3)园林建筑平面图绘制步骤。以某公园大门为例,绘制步骤如下:

①根据平面尺寸绘制定位轴线的间距及位置,如图7-4所示。

②绘制墙体及承重柱,墙体线加粗,柱子填实;绘制门窗并编号,如图7-5所示。

③绘制建筑外部构造及其他可见配件线条,如图7-6所示。

④如果有楼梯,画出楼梯平面图(因为园林建筑体量一般不大,以一层形式居多)。

⑤加平面尺寸标注、平面标高及相关文字注释、图例符号,加图名比例,如图7-7所示。

⑥重复以上步骤,绘制其他楼层或屋顶平面图,如图7-8所示。

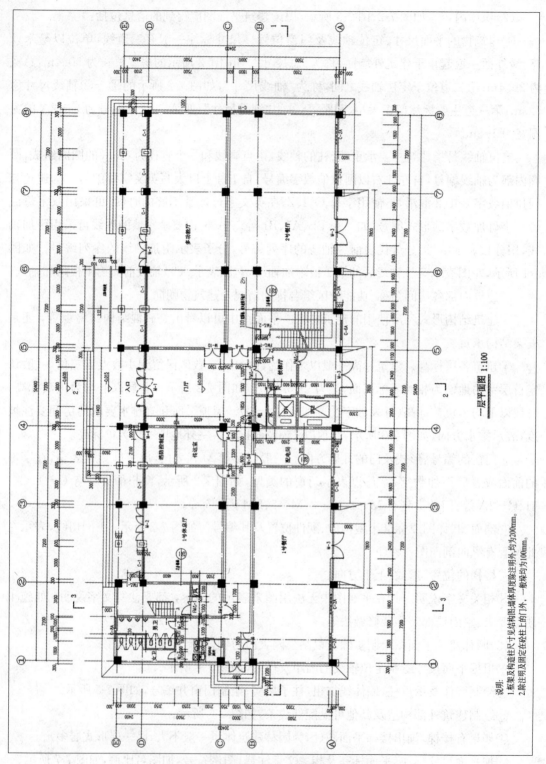

图 7-2 某动漫体验基地一层平面图(原图 1∶100)

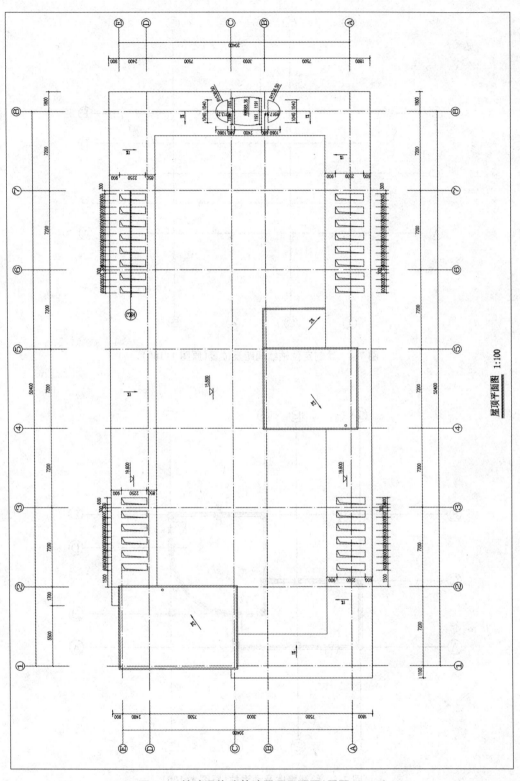

图 7-3 某动漫体验基地屋顶平面图(原图 1∶100)

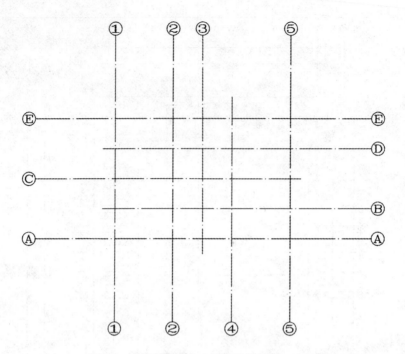

图 7-4　绘制定位轴线间距及位置(原图 1∶100)

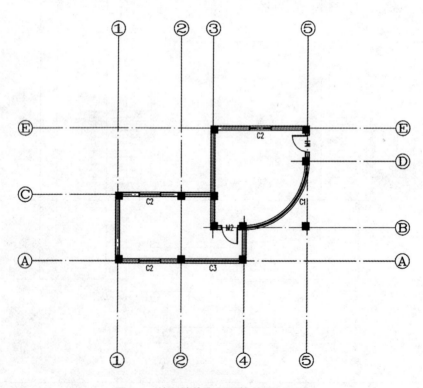

图 7-5　绘制墙体及承重柱(原图 1∶100)

项目7 园林建筑图的识读与绘制

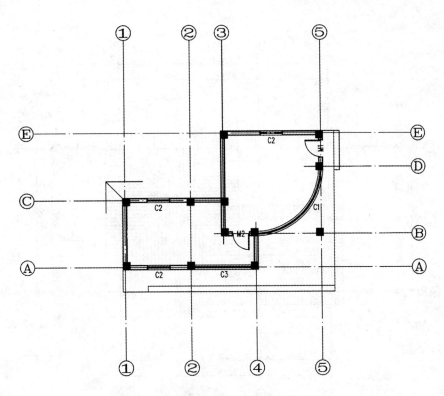

图 7-6 绘制建筑细部与构造（原图 1∶100）

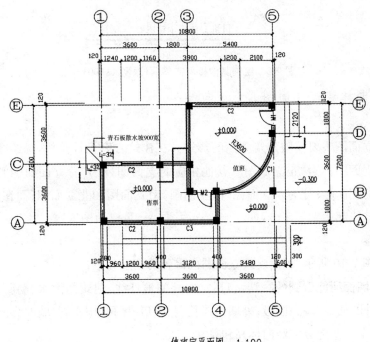

值班室平面图 1∶100

图 7-7 标注尺寸与图名（原图 1∶100）

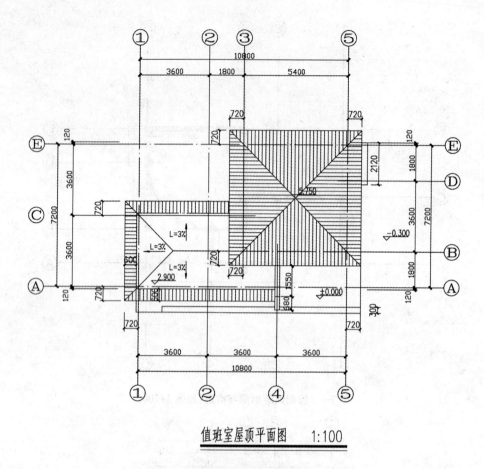

图7-8 绘制其他楼层或屋顶(原图1∶100)

链接2 园林建筑立面图的识读与绘制

1. 概念

园林建筑立面图主要反映建筑立面的形式。在建筑方案设计阶段,描绘主要入口或建筑显著特征的立面图称为"正立面图",其他相应的立面图称为"背立面图"和"侧立面图"。根据建筑立面的朝向,可分为东立面图、西立面图、南立面图和北立面图;而在施工图阶段,则多按照定位轴线起始编号来分,如①-⑥立面图、A-D立面图等。

2. 识读内容

如图7-9、图7-10所示,识读建筑立面图应得到的信息如下:

(1)建筑外墙面所能看到的一切,包括室内外的地坪线、建筑的散水、勒脚、台阶、门窗、阳台、雨篷;室外的楼梯、墙、柱、板;外墙预留孔洞、檐口、屋顶、雨水管、墙面修饰构件等。

(2)外墙各个主要部分的竖向标高和尺寸。

(3)建筑物定位轴线在立面的位置。

(4)各细部的构造、节点详图的索引符号。

(5)外墙的装饰材料和做法。

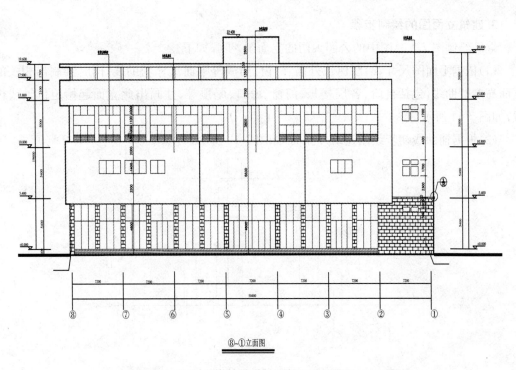

图 7-9　某动漫体验基地 ⑧—① 立面图（原图 1∶100）

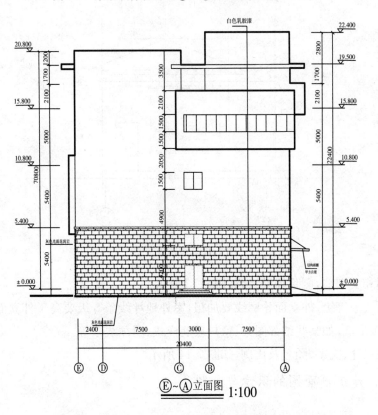

图 7-10　某动漫体验基地 E—A 立面图（原图 1∶100）

3. 建筑立面图的绘制步骤

继续绘制图7-1总图中的公园大门的立面图,步骤如下。

(1)依据平面图尺寸,绘制建筑外墙、门窗、雨棚等平面尺寸辅助线,同时绘制出相关的立面高度辅助线,包括台阶、各层楼板、门窗、檐口、屋顶等,并画出此立面起始定位轴线位置,如图7-11所示。

(2)根据辅助线初步绘制建筑外立面,如图7-12所示。

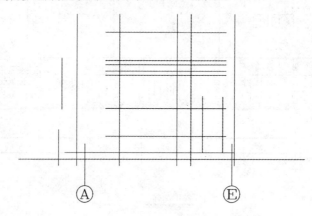

图7-11 绘制辅助线与定位轴线

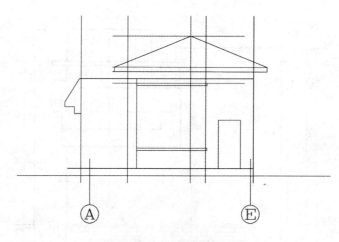

图7-12 绘制外立面

(3)绘制相关细节,删除辅助线,如图7-13所示。

(4)分出线条等级,外立面轮廓线要加粗,室外地坪线条等级要高于外立面轮廓线,某些细部线条等级最低,如某些细部图案、窗户玻璃样式、屋顶线条等。

(5)标注尺寸、文字、图名及比例,如图7-14所示。

链接3 建筑剖面图的识读与绘制

1. 概念

建筑剖面图,简称"剖面图",用以表示房屋内部的结构、分层情况、材料及其尺寸等。它是假想用一铅垂剖切面将房屋剖切成两部分后，移去其中的一部分，作出剩下部分的投影图，其剖切位置在平面图上由剖切符号确定，如图 7-15 所示。

另外，剖面图的数量应根据房屋的复杂情况和施工实际需要决定，凡有利于施工操作的剖切面都应该给出，因此，剖切面的位置一般选择位于房屋内部构造比较复杂、有代表性的部位，如门窗洞口和楼梯间等位置，并应通过门窗洞口。

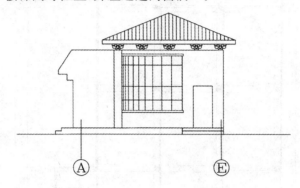

图 7-13 绘制立面细节

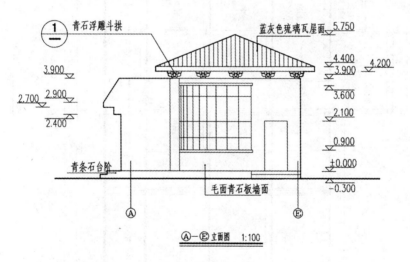

图 7-14 标注尺寸

2. 识读内容

如图 7-15 所示，识读建筑剖面图应得到的信息如下：
(1) 定位轴线及轴线编号。
(2) 剖切到的屋面、楼面、墙体、梁、柱等的轮廓及其做法。
(3) 建筑物内的楼层分布以及内部空间的分隔。
(4) 没有被剖切到，但在剖视方向可以看到的建筑物构配件轮廓线。
(5) 标高、尺寸及节点索引符。
(6) 必要的文字注释。

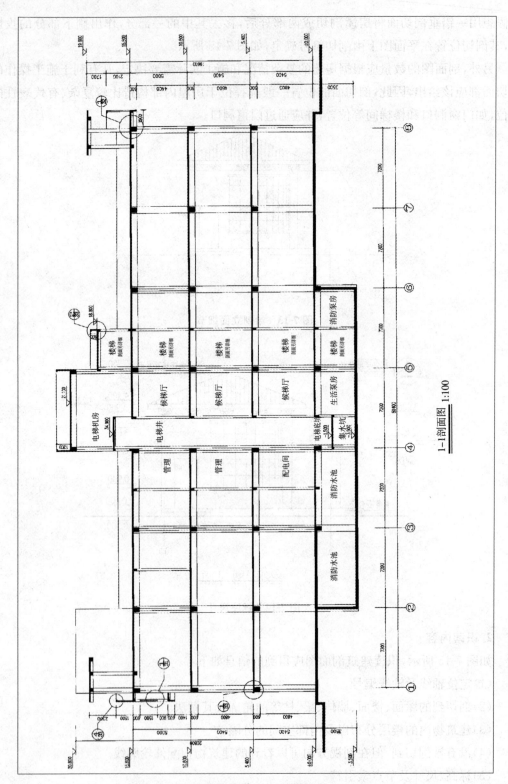

图 7-15 某动漫体验基地 1-1 剖面图(原图 1:100)

3. 建筑剖面图的绘制步骤

绘制图 7-7 中公园大门的 1-1 剖面图,此处使用阶梯剖的方式。

(1)根据建筑平面图上的剖切符,确定剖面图的剖视方向及需要表现的内容。

(2)绘制地坪线、定位轴线,如图 7-16 所示。

(3)绘制被剖切到的楼板、墙体、屋面、女儿墙、檐口、门窗等建筑构件及配件的轮廓线,如图 7-17 所示。

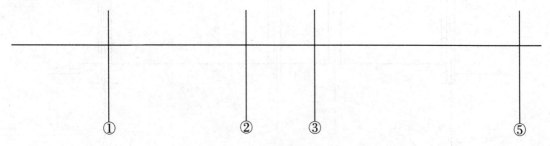

图 7-16　画定位轴线

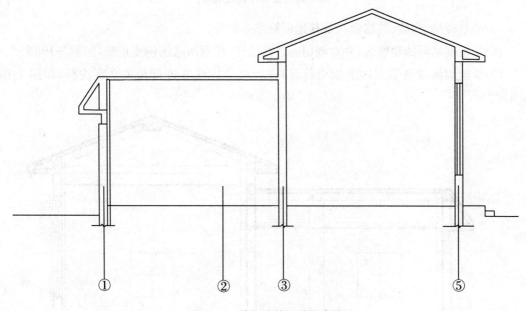

图 7-17　绘制建筑配件轮廓线

(4)绘制被剖切到的梁的轮廓线以及没有被剖切到但是在剖视方向上可以看到的梁、柱,如图 7-18 所示。

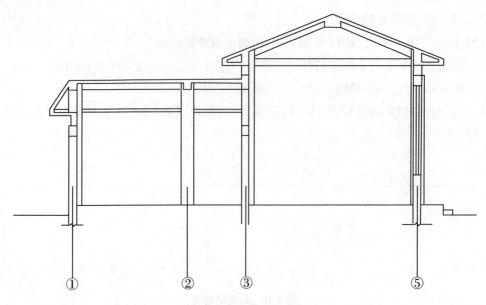

图 7-18　绘制可见轮廓线

(5)绘制楼梯、台阶、装修做法及其他可见细部构件。

(6)加粗剖切面的轮廓线,并对剖切面进行填充,注意所选图例要正确,如图 7-19 所示。

(7)绘制细部或者节点构造索引符号,进行尺寸标注并进行相关文字注释,如图 7-20 所示。

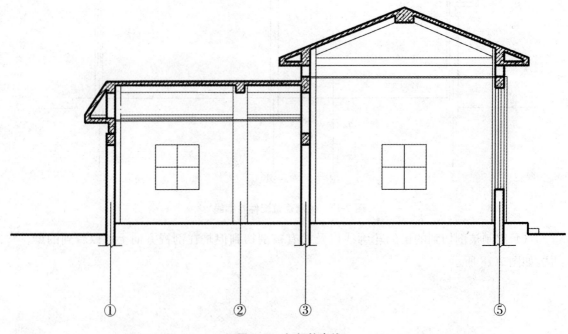

图 7-19　加粗轮廓线

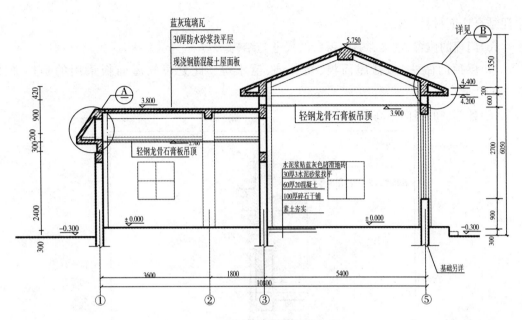

图 7-20　绘制细部索引符号与标注尺寸

链接 4　建筑详图的识读与绘制

建筑立面图、剖面图虽然可以反映建筑内部整体构造,但是不能清晰地反映建筑细部的构造做法与尺寸,因此,需要配备一种比例更大的图纸来完成此项任务,即建筑详图。

建筑详图一般选用 1∶1、1∶2、1∶5、1∶10、1∶20、1∶25、1∶50 的比例来准确地表述建筑细部的形式、尺寸、材料和做法。

建筑详图一般包括外墙、楼梯、门窗等,在建筑立面图和剖面图上由索引符引出后另外画出,如图 7-20 中的索引符所示。需要说明的是,如果建筑详图套用的是标准图集或者通用图集的内容,那么只需要在索引符号上标明所引用图集的名称、页码和图名即可。

1. 外墙详图

外墙详图除了反映墙体自身的结构做法外,还反映了地面、楼面、楼板、屋面与外墙交接处的构造做法以及门窗、圈梁、过梁、窗台、天沟、明沟、泛水、女儿墙、勒脚、散水等的做法和结构。

如图 7-21 所示是一个带地下室建筑的外墙,识读此图可知以下内容:

(1)此详图采用的比例为 1∶20,墙体轴线编号为 A。

(2)外墙自身的材料、厚度。

(3)地下室楼面、楼板的结构做法以及墙体防水层结构。由图可知此处采用 150 厚 M5 砂浆砌砖结合高分子卷材防水层的做法保护墙体。

(4)散水、勒脚的做法。由图可知此处散水采用室内一层地面延伸至室外的做法,排水坡度为 4%。

(5)室内各层楼面、楼板的做法和材料。如各层楼面均采用 120 厚钢筋混凝土结构、素水泥结合饰面材料。

（6）门窗的位置、过梁、圈梁、窗台的尺寸与结构。

（7）屋顶的做法，包括屋面板、女儿墙、泛水等。此处可知屋面板采用的是标准图集98J1。

（8）各部位的竖向标高和尺寸。

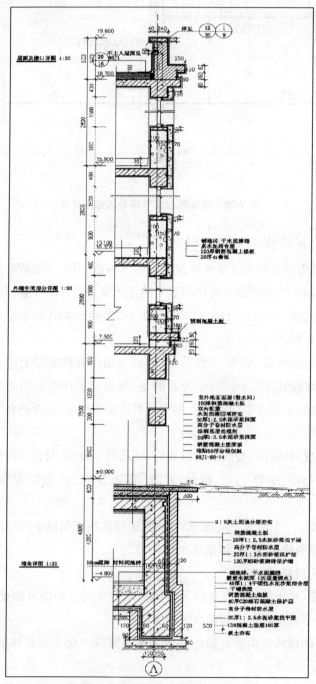

图 7-21　外墙详图(原图 1∶20)

2. 楼梯详图

楼梯详图主要由楼梯平面图、楼梯剖面图、节点详图等构成，主要说明楼梯段、休息平台、楼层平台、楼梯梁、栏杆扶手以及其他预埋件的尺寸、结构与做法。楼梯平面图与剖面图通常选用1:50的比例，而节点详图一般则选用1:1、1:2、1:5、1:10的比例。下面以最常见的双跑楼梯来说明楼梯详图的识读与绘制。

(1)楼梯平面图。一段楼梯一般由标准层和非标准层构成，底层(地下)楼梯段与顶层楼梯段属于非标准层，其余部分则属于标准层，如一栋7层的住宅楼，1层和7层楼梯属于非标准层，2~6层楼梯属于标准层。因此，在绘制图纸的时候，只需要绘制三幅楼梯平面图即可。也就是说，在绘制楼梯平面图时，要先分清楚标准层和非标准层。图7-22、图7-23和图7-25所示属于非标准层楼梯，而图7-24所示则属于标准层楼梯。

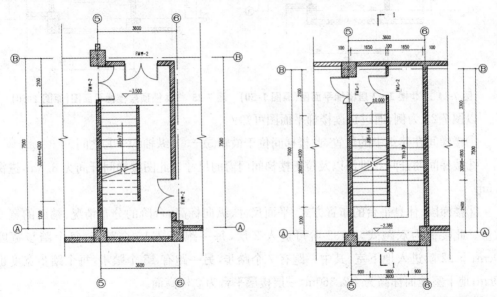

图7-22　1#楼负一层楼梯平面图(原图1:50)　　图7-23　1#楼一层楼梯平面图(原图1:50)

在画楼梯平面图(除顶层楼梯)时，一般选择一个平行于地面的剖切面将楼梯分开，移去上面部分，作剩下部分的水平投影。最底层(如果建筑没有地下室，则建筑首层即为最底层)楼梯的剖切面选在第一跑梯段的中部，因此，在图纸上只能看到部分梯段，在断开处画45°折断线，并且要画一条带有向上箭头的直线，注明上到第二层的台阶数。有时候为了便于看图，也会将被移去的台阶用虚线表示，如图7-22所示。而底层与顶层之间的其余各楼梯剖切面则选在第二跑梯段的中部，因此，在图纸上除了能看到当前楼梯剩下的梯段和休息平台之外，还应该看到前一层楼梯的第二跑梯段在相应位置的台阶投影，此时得到的楼梯平面图有完整的梯段和休息平台。但是应注意，从折断线开始，台阶数多的部分属于本层楼梯，台阶数少的部分属于前一层楼梯，相应地，上下台阶的数量都需要注明，如图7-23、图7-24所示。顶层楼梯的剖切面选在顶层房间窗台以上的位置，因此，在图纸上反映的是一个完整的梯段和休息平台，此处没有折断线，只需要标明向下的台阶数，如图7-25所示。

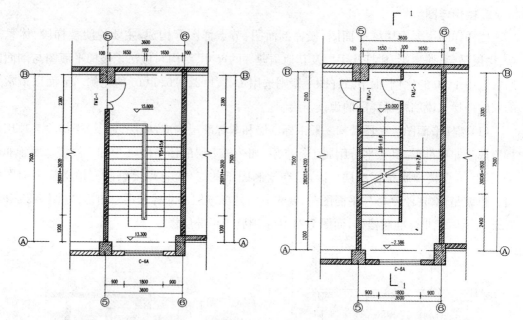

图 7-24 1♯楼 2～3 层楼梯平面图(原图 1:50) 图 7-25 1♯楼顶层楼梯平面图(原图 1:50)

以图 7-23 为例,通过识读楼梯平面图可知:

①楼梯间在建筑中的位置,此楼梯间位于横轴⑤—⑥、纵轴Ⓐ—Ⓑ之间。

②楼梯间的开间和进深以及位于楼梯间门窗的尺寸。此图楼梯间开间为 3.3m,进深为 7.5m。

③楼梯段、休息平台的布置方式、平面尺寸、纵向标高,台阶的分布情况、踏面的宽度及数量。此楼梯为双跑式,上 32 阶可进入 2 层,每一跑都是 16 个踏步,每个踏步宽度为 30cm;下 22 阶进入地下室,其中一跑有 7 个踏步,另一跑有 15 个踏步,每个踏步宽度也为 30cm;地下室地面标高为-2.360m,一层楼层平台为 0 标高面。

④楼梯剖面图的剖切位置,此图为剖切符号 1-1 所标位置。

(2)楼梯剖面图。除了平面图之外,还必须要有楼梯的剖面图来说明各层楼梯段、楼梯梁与楼面层、休息平台的结合方式、构造、尺寸以及踏步的高度、数量,栏杆扶手的高度、做法,每一楼层的层高、门洞窗洞的高度等。

以图 7-26 为例,通过识读 1♯楼梯 1-1 剖面图可知:

①此楼梯的构造为钢筋混凝土现浇双跑式。

②此楼梯的进深为 7.5m,地下室高度为 3.5m,一层、二层高度均为 5.4m,顶层高为 5m。

③此楼梯的地下室踏步高为 159.09mm,共 22 个,一层、二层踏步高度为 168.75mm,每层各 32 个,顶层踏步高为 166.67mm,共 30 个。

④各层标高、休息平台标高。

⑤栏杆扶手的做法详见标准图集。

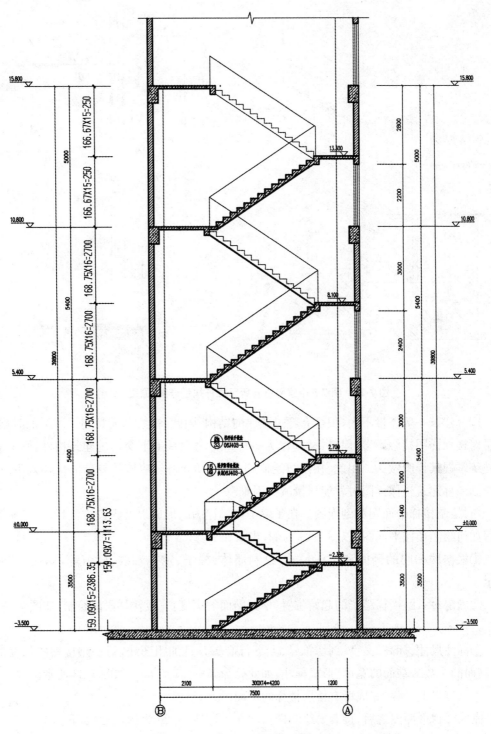

图 7-26 1♯楼 1-1 剖面图(原图 1:50)

(3)楼梯节点详图。最后,还需要楼梯节点详图来说明栏杆扶手、踏步、局部装修等的细部做法,一般选用 1:1、1:2、1:5、1:10 的比例,如图 7-27 所示为栏杆扶手的局部详图。

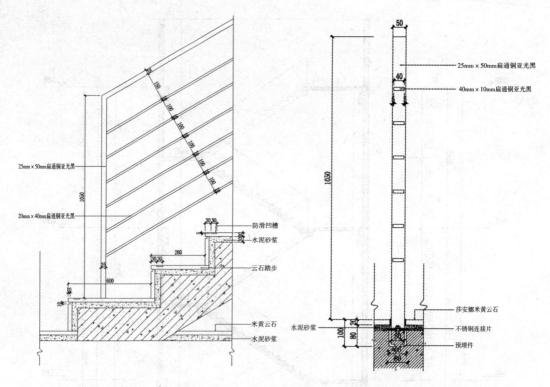

图 7-27　图 7-5 中索引符号所示栏杆扶手详图(原图 1∶10)

园林建筑一般体量不大,很少有超过两层的结构,因此,在绘制园林建筑图纸的时候,绘图员对楼梯详图接触不多,但是,楼梯作为一种重要的联系上下交通的建筑构件,则又必须要熟练掌握其详图做法。因此,在学习绘制园林图纸的时候,应该从复杂的楼梯入手,这样在绘制园林建筑楼梯详图时就能尽量减少困难。

(4)绘制楼梯平面图和剖面图。在了解了楼梯详图的形成以及识读方法后,接下来就要学习如何绘制楼梯平面图,以图 7-19 为例,步骤如下。

①根据楼梯间的开间和进深尺寸,绘制墙体、柱子、定位轴线、门窗等,如图 7-28(a)所示。

②确定每一跑楼梯踏步的起始位置,根据踏面的宽度,完成楼梯段的绘制,如图 7-28(b)所示。

③标注尺寸、标高、文字、剖切符号、上下行箭头并且加粗图线,每一跑楼梯的长度应该以"踏面的个数×踏面的宽度"形式标注,如此处为 300×5=1500,如图 7-23 所示。

④重复以上步骤,完成所有楼层楼梯的平面图。

完成楼梯平面图之后,接着要绘制楼梯剖面图,以图 7-26 为例,步骤如下。

①从底层开始往上一层一层地绘制。

②绘制底层地坪线,根据平面尺寸绘制墙体,定位楼梯的起始位置。

③根据踏步踢面的高度及个数,绘制楼梯、休息平台,如图 7-29 所示。

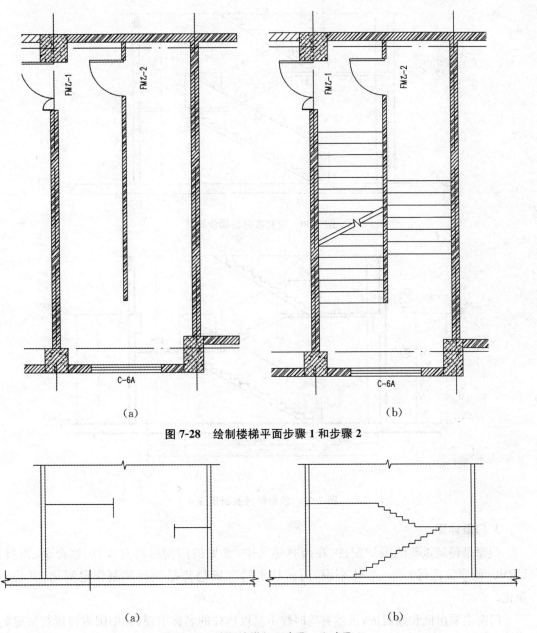

图 7-28 绘制楼梯平面步骤 1 和步骤 2

图 7-29 绘制楼梯剖面步骤 1 和步骤 2

④绘制楼梯、休息平台、梁、板的断面。

⑤绘制栏杆扶手,如图 7-30 所示。

⑥加粗剖面轮廓线,进行尺寸、文字标注,每一跑楼梯的高度应该以"踢面的个数×踢面的高度"形式进行标注,如此处为 $159.09×7=1113.63$,如图 7-31 所示。

⑦重复以上步骤,完成整个剖面图的绘制,如图 7-26 所示。

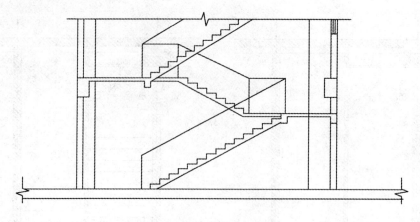

图 7-30 绘制楼梯剖面步骤 3

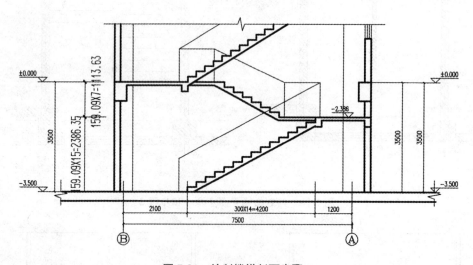

图 7-31 绘制楼梯剖面步骤 4

3. 门窗详图

门窗是建筑重要的围护配件,在园林建筑中,常见的门窗材料有木材、铝合金、钢材、UPVC(硬聚氯乙烯)等。总体来说,门窗技术的发展趋势是设计和制作定制化、安装专业化。

门窗主要由框和扇组成,虽然有些时候不是以这样的名称出现(如中国古代建筑常见的支摘窗),但是基本形式没有本质区别。门窗的单位称"樘"。

木窗详图的基本内容包括立面图、节点图、五金表及文字说明四大部分。如果在图纸阶段选用的是标准图集的门窗规格,那么只需要在图纸中注明图集编号和图名。如果不是标准门窗规格,必须在图纸中另附门窗表(见表 7-2),对门窗进行编号,并画出每一编号门窗的立面图,注明尺寸,统计数量。

(1)立面图。立面图主要表示窗(门)框、窗(门)扇的尺寸、组成形式,窗(门)扇的开启方向和节点详图的剖切位置,门窗栅格的大样等。

表7-2 某动漫体验基地门窗对照表

类别	序号	编号	洞口尺寸(宽×高)	数量								总计	备注	图集索引
				负一层	一层	二层	三层	四层	五层	六层	七层	八层			
门	8	M-1	见门窗大样		1								1	铝合金双面弹簧玻璃门,立面见门窗大样	
	9	M-2	3000×4400		2								2	铝合金玻璃门,立面见门窗大样	
	10	M-3	2400×3300		3								3	防盗门	厂家做
	11	M-4	900×2100		1								1	铝合金平开门,立面见门窗大样	
	12	M-5	900×2100		1			22		23	20	7	1	72	木门	
	13	M-5A	900×2100		1								1	木门	
	14	M-6	1500×2100								5		5	木门	
	15	M-7	见门窗大样		2			2		2	2	2	10	铝合金平开门,立面见门窗大样	
	16	M-8	1200×2100		1								1	铝合金平开门,立面见门窗大样	
	17	M-9	1500×2100		1								1	木门	
	18	M-10	1500×2100		1								1	玻璃幕墙,立面见门窗大样	
	19	M-11	(900+300)×2100		7								7	铝合金全推拉窗,立面见门窗大样	
窗	1	C-1	3400×7800		7	11							40	铝合金全推拉窗,立面见门窗大样	
	2	C-2A	见门窗大样			11	11	11					33	铝合金全推拉窗,立面见门窗大样	
	3	C-2B	1500×1800						11				11	铝合金全推拉窗,立面见门窗大样	
	4	C-2C	2000×1800			10							20	铝合金全推拉窗,立面见门窗大样	
	5	C-3A	见门窗大样				10	10	10				30	铝合金全推拉窗,立面见门窗大样	
	6	C-3B	1500×3000							10			10	铝合金全推拉窗,立面见门窗大样	
	7	C-3C	2000×3000								1		1	铝合金全推拉窗,立面见门窗大样	
	8	C-4	900×2700			1							1	玻璃幕墙,立面见门窗大样	
	9	C-5A	3800×6600			1							1	玻璃幕墙,立面见门窗大样	
	10	C-5B	4400×6600				1						4	玻璃幕墙,立面见门窗大样	
	11	C-5C	2400×6600			1							1	玻璃幕墙,立面见门窗大样	
	12	C-5D	2900×6600											玻璃幕墙,立面见门窗大样	
	13	C-6A	1200×1800										3	铝合金全推拉窗,立面见门窗大样	

立面图中一般标有三道尺寸线,最外面第一道尺寸线表示洞口尺寸,第二道尺寸线表示窗(门)框的外包尺寸,第三道尺寸线表示窗(门)扇与窗(门)框的组合尺寸。

窗扇的开启方向参照《建筑制图标准》(GB/T50001—2010)中的规定:立面图中的斜线表示窗的开启方向,实线为外开,虚线为内开;开启方向线交角的一侧为安装铰链的一侧,如图7-32、图7-33所示。

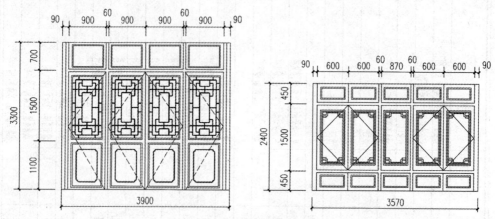

图7-32　窗户立面图

(2)节点详图。节点详图表示门窗成型后各节点各部位的断面尺寸、形状、材料以及相互位置关系等,如图7-34所示。

(3)五金表。五金表表明每一樘门窗中所需要的各种配件的名称、规格、数量及要求等,一般以"五金名称+规格+数量"的形式出现,如"铰链75—3",表示铰链的规格为75mm,数量为3。

(4)文字说明。文字说明主要包括材料质量、施工方法、油漆颜色及涂刷工艺等。

链接5　施工图设计师经验知识

(1)建筑图纸的识读与绘制是园林专业学生在初期学习时遇到的一个比较棘手的问题。严格来说,建筑是与园林平行的一门学科,涵盖内容复杂且难学,相对而言,园林建筑只是建筑大类中比较简单的一项内容,因此,学生在学习建筑图纸的时候,不能局限于园林建筑图纸,而要多参阅其他类型的建筑图纸,从广度与深度上提高自己识读与绘制的水平。

(2)细节决定成败,画建筑图时一定要按照建筑制图规范工作,不能随心所欲,各类图例符号要准确,图纸比例要正确。

(3)要熟记建筑中一些常用的尺寸,如墙体的厚度、门窗的宽度和高度、窗台的高度、房屋的层高、台阶的高宽等,正是由这些基本尺寸构建出一个合适的建筑体量。

(4)初学者应先掌握园林建筑平面图、立面图、剖面图的识读与绘制方法,不要过多地纠结于建筑详图,要有从整体到局部的观念。

(5)毫无疑问,剖面图是建筑图纸里面最难的一部分,初学者一定要清楚地了解常见的建筑结构与构造。对于园林专业的学生来说,还需要了解古建筑的一般结构与构造。

(6)实物永远比图纸更能让人加深印象,要养成勤动手、勤动脑的习惯,对于身边常见的建筑,要有目的地绘制一些平面图、立面图、剖面图的草图,遇到不懂或者不能确定的内容要及时学习并掌握,这样才能快速提高自己的识读与绘制水平。

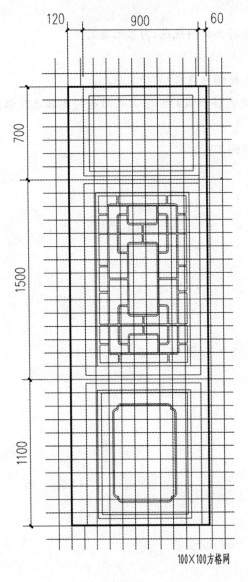

图 7-33 门窗窗扇大样图

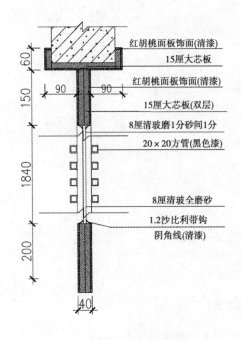

图 7-34 窗户节点详图示例

课外实训项目

模拟角色:园林绘图员。

实训任务:识读某园林建筑平面图、立面图、剖面图及部分详图,在充分理解的基础上各抄绘一份在 A3 图纸上,比例自定。

案例图纸:见案例图纸 7-1 或由授课教师提供。

项目成果内容:园林建筑平面图、立面图、剖面图、檐口详图各一份。

成果文件编制要求:

(1)用 A3 图纸绘制。

(2)要求比例适当,文字、尺寸、标注、图例符合制图规范,内容无遗漏。

思考题:

(1)园林建筑总平面图是如何形成的?包括哪些内容?

(2)园林建筑平面图、立面图、剖面图各是怎样形成的?它们之间有哪些联系?识读与绘制的步骤分别是什么?

(3)什么是建筑详图?常见的建筑详图有哪些?

(4)楼梯详图应该如何识读与绘制?

项目 8
假山、驳岸、园路施工图的识读与绘制

项目描述

通过识读、绘制假山、驳岸、园路等施工图,全面了解假山、驳岸、园路施工图所表达的内容及要求,初步掌握假山、驳岸、园路施工图的绘制步骤及方法。

任务描述

1. 识读并绘制假山工程图,掌握假山工程图所表达的内容及识读和绘制的一般步骤和方法。

2. 识读并绘制驳岸工程图,掌握驳岸工程图所表达的内容及识读和绘制的一般步骤和方法。

3. 识读并绘制园路工程图,掌握园路工程图所表达的内容及识读和绘制的一般步骤和方法。

教学目标

能力目标:
1. 能识读并绘制假山施工图。
2. 能识读并绘制驳岸施工图。
3. 能识读并绘制园路施工图。

知识目标:
1. 掌握假山、驳岸、园路施工图所表达的内容。
2. 了解假山、驳岸、园路施工图的绘制要求。

项目支撑知识链接

链接 1　假山施工图包含的内容及绘图要求

一幅完整的假山施工图通常包括以下几个部分,如图 8-1 所示。

1. 平面图

平面图用于表现假山的平面布置、各部分的平面形状、周围地形和假山在总平面图中的位置。其表现内容通常有：

(1) 假山的平面位置、尺寸。

(2) 山峰、制高点、山谷、山洞的平面位置、尺寸及高程。

2. 立面图

立面图用于表现山体的立面造型及主要部位高度，与平面图配合，可反映出峰、峦、洞、壑的相互位置。为了完整地表现山体各面形态，便于施工，一般应绘出前、后、左、右四个方向的立面图。

3. 剖面图

剖面图用于表现假山某处的内部构造、结构形式及布置关系；造型尺寸及山峰的控制高程；有关管线的位置及管径大小；断面形状、材料、做法和施工要求，等等。

4. 基础平面图

基础平面图用于表现基础的平面位置及形状、构造和做法，当基础结构较简单时，可同假山剖面图绘在一起或用文字说明。

链接2　驳岸施工图包含的内容及绘图要求

驳岸工程图包括驳岸平面图和断面详图，如图8-2所示。

1. 平面图

平面图用于表现驳岸线(即水体边界线)的位置及形状。对构造不同的驳岸应进行分段(分段线为细实线，应与驳岸垂直)，并逐段标注详图索引符号。

2. 断面详图

断面详图用于表现某一区段的构造、尺寸、材料、做法要求及主要部位标高(岸顶、常水位、最高水位、最低水位、基础底面等)。

链接3　园路施工图包含的内容及绘图要求

园路工程图主要包括园路路线平面图、路线纵断面图、路基横断面图、铺装详图等，如图8-3所示。

1. 路线平面图

路线平面图用于表现路线的线型(直线或曲线)状况和方向，以及两侧一定范围内的地形和地物等。地形和地物一般用等高线和图例来表示，图例画法应符合总图制图标准的规定。路线平面图通常采用1∶500～1∶2000的比例，在路线平面图中依道路中心画一条粗实线来表示路线，若比例较大，也可按照路面宽度画双线表示路线。新建道路用中粗线，原有道路用细实线。路线平面由直线段和曲线段(平曲线)组成。在图纸的适当位置画路线平曲线表，按交角点编号表列出平曲线要素，包括交角点里程桩、转折角、曲线半径 R、切线长 T、曲线长 L、外距 E 等。

2. 路线纵断面图

路线纵断面图用来表示路线中心地面的起伏状况。纵断面图是用铅锤剖切面沿着道路的中线进行剖切,然后将剖切面展开成一立面,纵断面的横向长度就是路线的长度。园路立面由直线和竖曲线组成。由于路线的横向长度和纵向高度之比相差很大,故路线纵断面图常采用2种比例。如长度采用1:2000,高度采用1:200,两者相差10倍。

纵断面图用粗实线表示顺路线方向的设计坡度线,简称"设计线"。地面线用细实线绘制,具体画法是将水准测量测得的各桩高程按图样比例绘在相应的里程桩上,然后用细实线顺序连接各点,故纵断面图上的地面线为不规则曲折状。路线上的桥涵构筑物和水准点都应对应所在里程,标注在设计线上,并标出其名称、种类、大小、桩号等。在图样的正下方还应绘制资料表,主要内容包括:

①每段设计线的坡度和坡长。用对角线表示坡度方向,对角线上方标注坡度,下方标注坡长,水平段用水平线表示。

②每个桩号的设计高程和地面高程。

③变坡点。

④与园路平面图对应的区段信息,包括区段编号、区段路线长度等。

3. 路基横断面图

路基横断面图是用垂直于设计路线的剖切面进行剖切所得到的图形,作为计算土石方和路基施工的依据。

4. 铺装详图

铺装详图用来表现园路面层的结构和铺装图案,常用平面图表示。

链接4 国家相关规范标准

详见《房屋建筑制图统一标准》(GB/T50001—2010)、《风景园林图例图示标准》(CJJ 67—1995)(见书后附录)。

链接5 施工图设计师经验知识

(1)假山施工图中,由于山石素材形态奇特,施工难以完全符合设计尺寸要求。因此,没有必要也不可能将各部尺寸全部标注,一般采用坐标方格网控制。在方格网的绘制中,平面图以长度为横坐标,以宽度为纵坐标;立面图以长度为横坐标,以高度为纵坐标;剖面图以宽度为横坐标,以高度为纵坐标。网格的大小根据所需精度而定,对要求精细的局部,可以用较小的网格示出。网格坐标的比例应与图中比例一致。

(2)由于驳岸平面形状多为自然曲线,无法标注各部尺寸,所以为了便于施工,一般也采用方格网控制,方格网的轴线编号应与总平面图相符。

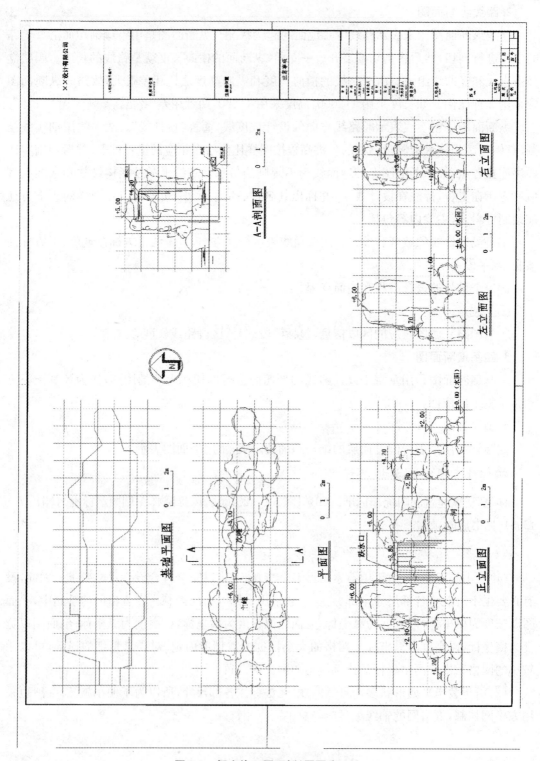

图 8-1 假山施工图示例(原图为 A3)

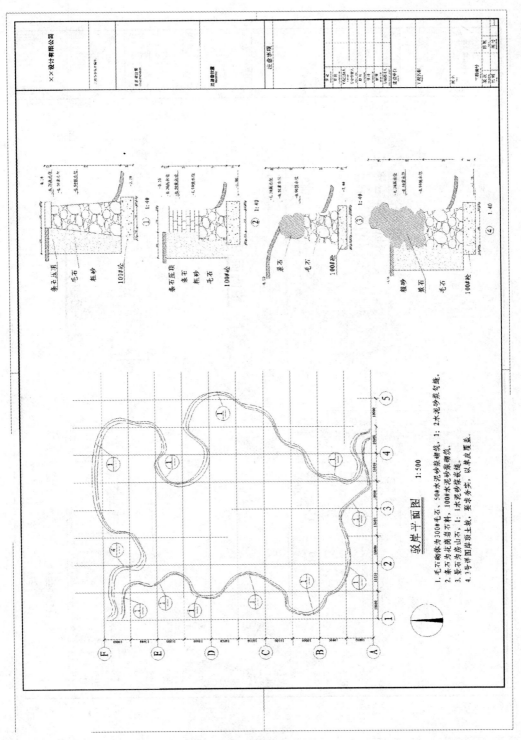

图 8-2 驳岸施工图示例(原图为 A3)

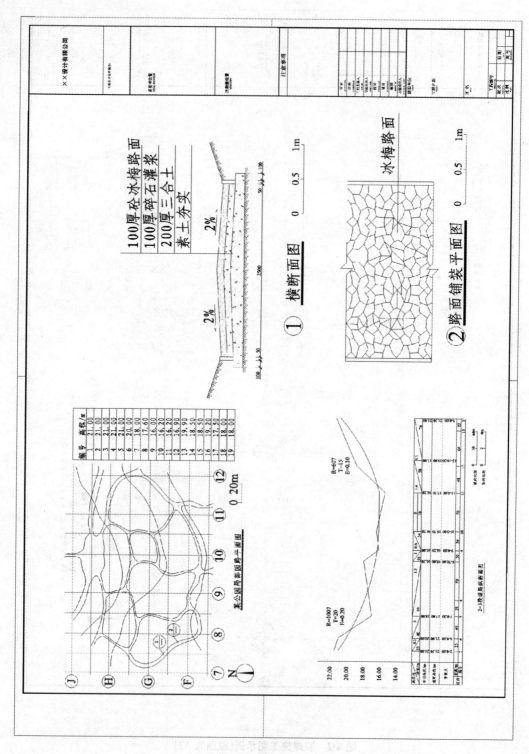

图 8-3　园路施工图示例(原图为 A3)

项目8 假山、驳岸、园路施工图的识读与绘制

课外实训项目

模拟角色：施工图绘图员。

实训任务：正确识读假山、驳岸、园路施工图纸，并按照相关制图标准抄绘各种施工图纸。

案例图纸：见案例图纸8-1、8-2或由教师提供。

项目成果内容：假山施工图、驳岸施工图、园路施工图。

成果文件编制要求：

(1) 用A3图纸绘制。

(2) 要求图纸中标题栏正确，字体规范。

思考题：

假山施工图包括哪些内容？作图时如何尽可能保证设计作品与施工后的作品一致？

项目 9
园林效果图的绘制

项目描述

通过对一点透视、两点透视、轴测图的学习与绘制,全面了解园林方案设计效果图的绘制方法及构图,初步掌握其绘制方法。

任务描述

学习一点透视、两点透视、轴测图和鸟瞰图,完成效果图绘制标准规范实训任务。

教学目标

能力目标:
1. 会正确绘制简易园林景观的效果图。
2. 会绘制简单的园林整体效果图。

知识目标:
1. 掌握轴测投影的作图方法。
2. 了解透视图的基本种类和作图方法。
3. 了解轴测图和透视图在园林中的应用范围。

项目支撑知识链接

链接1 透视原理

透视是园林景观效果图最重要的基础,直接影响到整个空间的尺寸比例及纵深感,对于整个效果图非常重要。因此,学生应该熟练掌握透视规律,做到烂熟于心、运用自如,能用几何投影规律的科学方法较真实地反映特定的环境空间。

透视就是近大远小、近高远低,这是人们在日常生活中常见的现象。在园林景观中,由于空间场景较大,透视显得较为抽象,难以把握,设计的内容也不容易表现,因此,需要利用一点透视、两点透视把这些抽象的平面用直观、逼真的效果图表现出来。

1. 透视的基本概念和规律

(1)透视的基本概念。

①视点。视点即观察眼睛的位置。

②视平线。视平线是指视点向左右延伸的水平线,即视线可以达到的最远距离。

③灭点。灭点又称"消失点",是空间中相互平行的变线在空间中汇集到视平线的交叉点。

④景深。景深是在平行透视中从视线出发到要表现的最远景物之间的透视距离。

⑤地面线。地面线也就是人物脚部的位置。

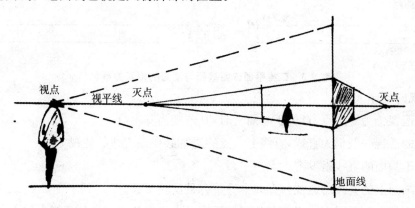

图 9-1　透视的基本概念

如图 9-1 所示为透视的基本概念,如图 9-2 所示为透视图的常用术语。

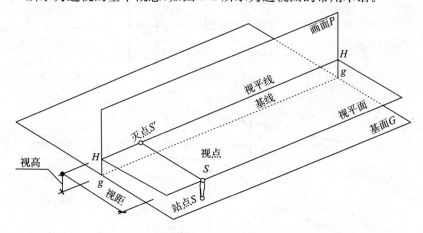

图 9-2　透视形成与基本术语标注图

如图 9-3 所示为二维平面作图时基面与画面的位置关系。

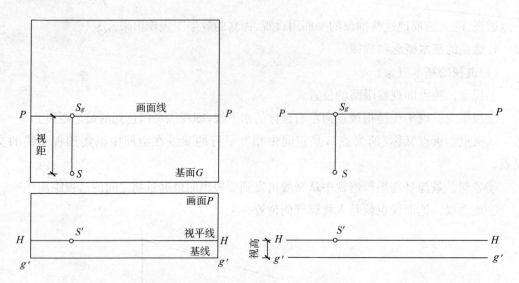

图 9-3　二维平面作图基面与画面的相互关系

(2) 透视的规律。

①点的透视仍为一个点,点位于画面上时,其透视为其本身。

②直线的透视一般仍为直线,直线上一点的透视必在该直线的透视上。

③平行于画面的直线组没有灭点。

④位于画面上的直线的透视与直线本身重合且反映实长。

⑤与画面相交的平行直线组必有共同的灭点。水平线的灭点必位于视平线上。

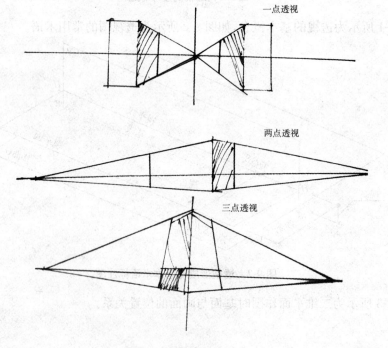

图 9-4　透视的三种形式

2. 三种透视形式

(1)一点透视。当形体的一个主要面的水平线平行于画面,而其他面的竖线垂直于画面时,斜线消失在一个点上所形成的透视称为"一点透视",如图9-4所示。

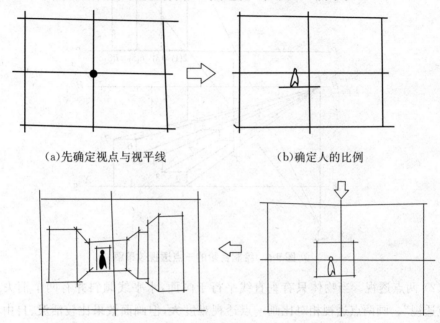

(a)先确定视点与视平线　　　　　　(b)确定人的比例

(d)进一步画出周围建筑的体量　　　(c)根据人的比例,画出建筑的比例

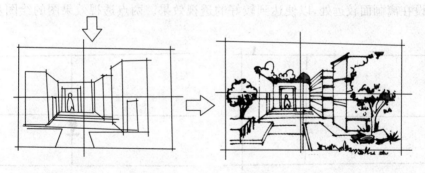

(e)画出整体周围环境框架　　　　　(f)细化建筑与周围环境

图 9-5　一点透视的绘图步骤

一点透视适合于表现纵深感的大场面,它的缺点是呆板、不够活泼。

已知台阶的正立面图和平面图,站点 S、$g'—g'$ 线、$H—H$ 线、$P—P$ 线,求作台阶的一点透视。一点透视效果图的绘制步骤如图9-5所示。

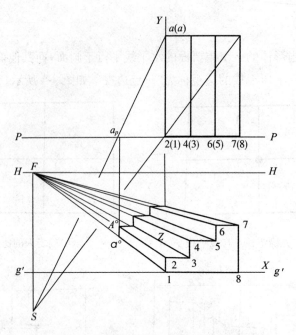

图 9-6　绘制台阶的一点透视效果图

(2) 两点透视。当物体只有垂直线平行于画面,水平线倾斜并有两个消失点时,称为"两点透视"。画两点透视相对比画一点透视难度大,但画面效果比较活泼、自由,能够较直观地反应空间效果,缺点是如果角度选择不准,容易产生变形。要想克服这一点,就要将两个消失点设在离画面较远处,以便达到较好的透视效果。两点透视效果图的绘图步骤如图9-7所示。

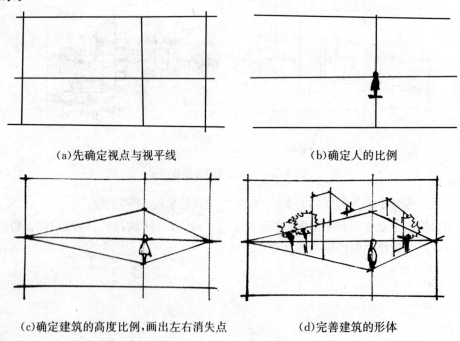

(a)先确定视点与视平线　　　　　　(b)确定人的比例

(c)确定建筑的高度比例,画出左右消失点　　(d)完善建筑的形体

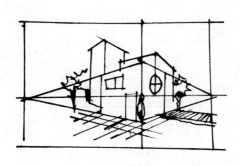

(e)添加其他配景　　　　　　　　　　(f)细化画面内容

图 9-7　两点透视效果图绘制步骤

例　已知长方体的平面图如图 9-8 所示，上半部分及其高度 l、基线 $g'—g'$、视平线 $H—H$、画面线 $P—P$、站点 S，求作长方体的透视。

解　Ⅰ．分析。

　　Ⅱ．作图步骤如下：

①求灭点 Fx、Fy。

②确定长、宽两组直线的透视方向。

③作长方体底面的透视。

④求各竖直线段的透视。

⑤连接各透视点，并加粗图线，如图 9-9 所示。

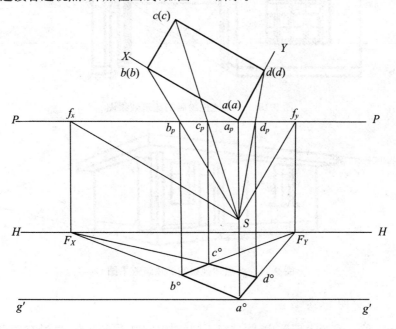

图 9-8　绘制长方体底平面透视

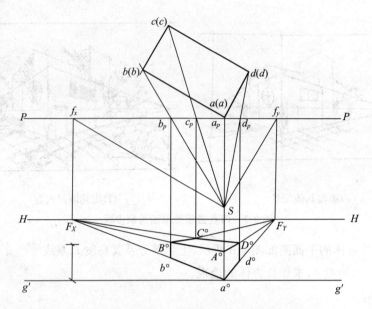

图 9-9　绘制长方体透视高度，加深图线

（3）一点透视与两点透视绘制物体的效果对比如图 9-10、图 9-11 所示。

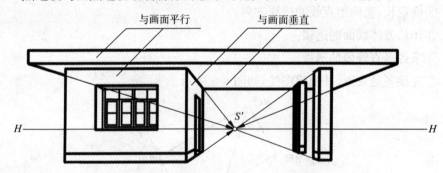

图 9-10　一点透视绘制的建筑效果图

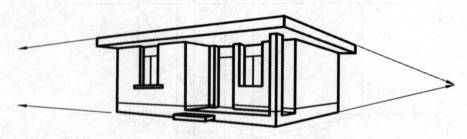

图 9-11　两点透视绘制的建筑效果图

链接 2　轴测图与鸟瞰图

　　轴测图是一种三维的表现形式，同透视不同的是，它既没有灭点，也没有透视，边与边是平行关系。轴测图一般表现的是鸟瞰图，场景比较大，一般都是一个方案景观的全景图，需要根据平面图进行展开。

轴测图表现的角度很多,常见的有斜轴测,即首先将平面图旋转30°,然后以和平面图相同的尺度引出垂直线,简单易行,而又富有效果,如图9-12、图9-13所示。

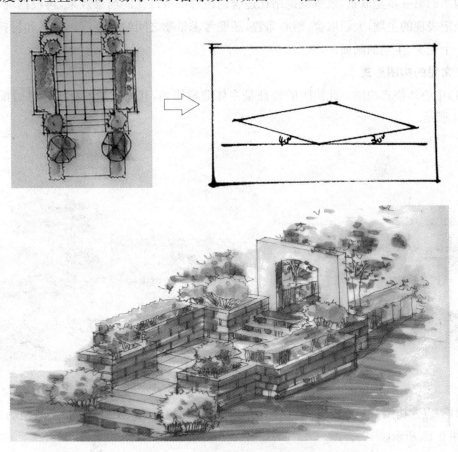

图 9-12　绘制轴测图的步骤与效果

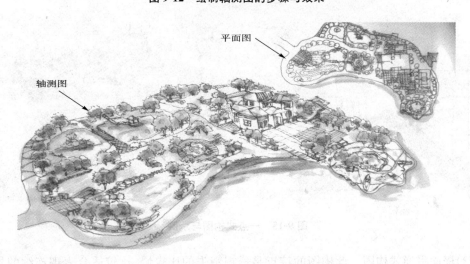

图 9-13　轴测法绘制鸟瞰效果图

链接3　效果图的景观构图

构图的第一步是取景,取景就是站在适合的位置取得最佳的场景效果,再根据现有的平面图确定表现的主题,大胆取舍,精心布置,还要考虑景物之间的相互遮挡关系和衬托关系,表现一个完美、生动的画面。

1. 常见的构图形式

(1)中心环绕式构图。此构图的特征是主体非常明确,其他配景围绕主体进行配饰,如图9-14所示。

图 9-14　中心环绕式构图与示例

(2)一点式构图。一点式构图一般用于表现景深比较长的公共空间,强调的是场景的气氛,如图9-15所示。

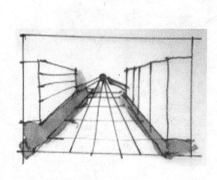

图 9-15　一点式构图与示例

(3)横向贯通式构图。此构图的特点是透视消失的比较慢,比较适合表现连续的景观,如图9-16所示。

图 9-16　横向贯通式构图与示例

2. 常见的三种视图形式

(1)仰视——高远。如图 9-17、图 9-18(a)所示。

(2)平视——平远。如图 9-17、图 9-18(b)所示。

(3)俯视——深远。如图 9-17、图 9-18(c)所示。

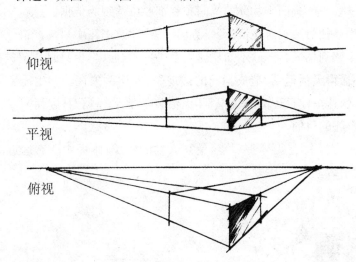

图 9-17　三种不同视图的形式

(a)仰视　　　　　　　　　　　　　　(b)平视

(c)俯视

图 9-18　三种不同视图效果对比

链接 4　效果图设计师经验知识

(1)效果图的绘制中首先要找准透视。无论是一点透视构图还是两点透视构图,透视是构成效果图的关键因素,画面中物体的空间布置都要以透视为依据。

(2)很多学生往往对透视有畏惧感:一方面,一些建筑书籍中科学严谨、透视分明的透视教学方法,让学生感到枯燥、麻烦,不知从何入手;另一方面,学生只是死记透视原理,在遇到具体画面时却不懂得灵活运用,造成画面的透视失真、比例失调。学生需要明白一个事实,学习透视是为了快速搭建合理的透视框架,灵活自如地掌握画面,因而需要去吃透它、简化它,以达到运用自如的目的。

(3)效果图的绘制中,还要掌握一点,就是人物的作用,画面中所有远近的人物,他们的眼睛都是处于视平线上的,如图 9-19 所示。

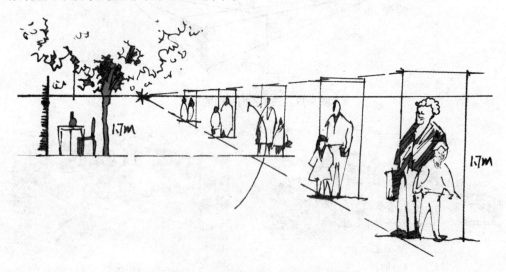

图 9-19　人的眼睛与视平线处于同一条线

课外实训项目

模拟角色:效果图绘图员。

实训任务:学习一点透视、两点透视和轴测图的概念与绘制方法,完成效果图绘制标准规范实训任务。

案例图纸:见案例图纸9-1或由教师提供学生熟悉的建筑及周边环境平面图、立面图。

项目成果内容:园林景观节点效果图及全景效果图的展示。

成果文件编制要求:

(1)用A3或A4图纸绘制。

(2)要求图纸中透视准确,画面生动。

思考题:

思考透视鸟瞰图的绘制方法。

项目 10
园林方案设计图的综合识读

项目描述

通过对园林方案设计图的综合识读,全面了解园林方案设计图包含的图纸内容,掌握园林方案设计图的识读步骤,了解各种图纸的制图规范和方案设计图各种图纸的作用。

任务描述

识读园林方案设计图的各类图纸内容。

教学目标

能力目标:
1. 学会识读园林规划设计总平面布局图。
2. 学会识读园林功能分区图、交通分析图、视点景观轴线分析图、景观节点、铺装、节点效果图等图纸。

知识目标:
1. 掌握园林方案设计图包含的图纸内容。
2. 熟练掌握园林方案设计图的识读步骤。
3. 能说出方案设计图各种图纸的作用。

项目支撑知识链接

链接1 园林方案设计图内容

园林方案设计图包括园林设计总平面图、园林功能分区图、交通分析图、视点景观轴线分析图、景观节点、铺装、节点效果图等图纸。

1. 园林设计总平面图

园林设计总平面图是指一个征用地区域范围的总体综合设计的内容,反映组成园林各部分之间的平面关系及长宽尺寸,是表现工程总体布局的图样。它包含的内容有以下几点,如图 10-1、图 10-2 所示。

(1)用地周边环境。

(2)设计红线。

(3)各种造园要素的组合。

(4)标注定位尺寸或坐标网。

(5)标题。

(6)图例表。

图 10-1 某绿地设计的平面图

园林制图与识图

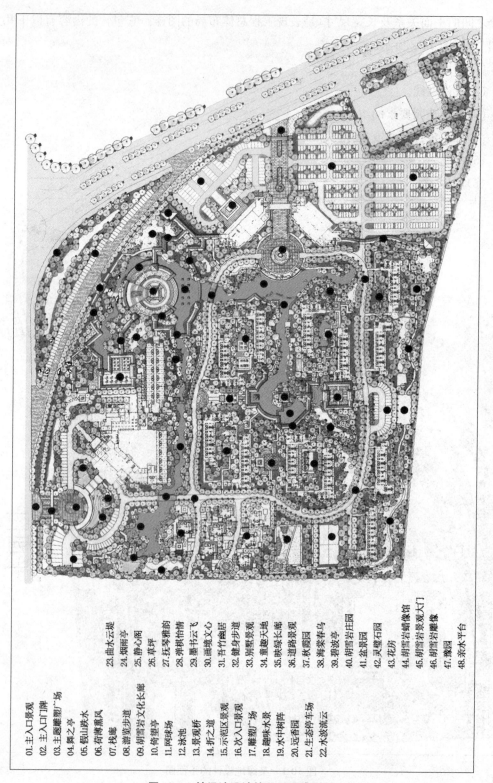

01. 主入口景观
02. 主入口门牌
03. 主题雕塑广场
04. 弈之亭
05. 假山跌水
06. 荷薄熏风
07. 枕廊
08. 游览步道
09. 胡雪岩文化长廊
10. 倚望亭
11. 网球场
12. 泳池
13. 景观桥
14. 折之道
15. 示范区景观
16. 次入口景观
17. 雕塑广场
18. 趣味水景
19. 水中树阵
20. 远香园
21. 生态停车场
22. 水波流云
23. 曲水云堤
24. 烟雨亭
25. 静心阁
26. 草坪
27. 抚琴雅韵
28. 弹棋怡情
29. 墨书云飞
30. 画境文心
31. 吾竹幽居
32. 健身步道
33. 别墅景观
34. 童趣天地
35. 映翠长廊
36. 道路景观
37. 秋霞园
38. 海棠春鸟
39. 逐波亭
40. 胡岩庄园
41. 盆景园
42. 灵璧石园
43. 花房
44. 胡雪岩蜡像馆
45. 胡雪岩景观大门
46. 胡雪岩雕像
47. 豫园
48. 亲水平台

图 10-2 某绿地设计的总平面索引图

2. 园林功能分区图

园林功能分区图是指为了满足不同人群的需求，对园林景物实行功能划分而作的图；园林功能分区的实质是根据风景遗产资源价值的空间分布及其相应的精神文化和科教活动的需求来对景区进行划分。简而言之，园林功能分区图就是为了表现园林场景按不同的功能来划分的区域图，如图 10-3 所示。

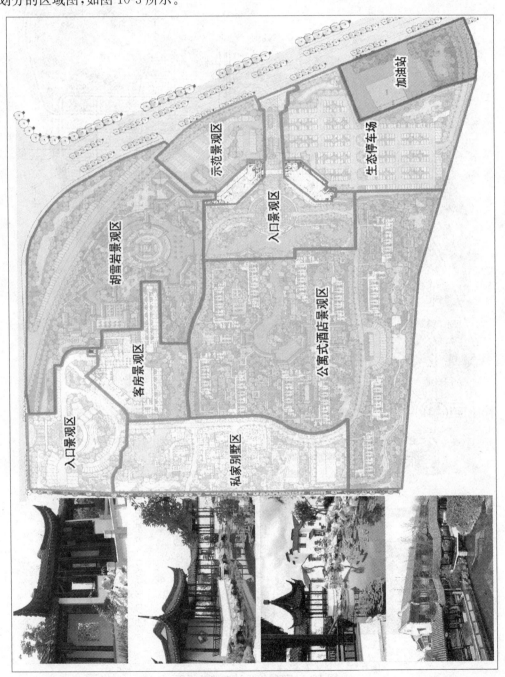

图 10-3　某绿地设计的功能分区图

3. 交通分析图

交通分析图是指为了分析道路，使人一目了然，用醒目的流线将景观设计道路表现出来，将不同等级的道路用不同的流线表示出来的图，如图10-4所示。

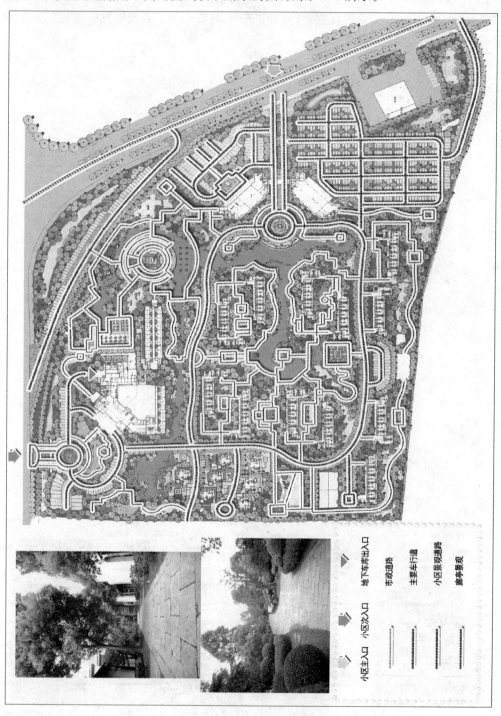

图10-4 某绿地设计道路分析图

4. 视点景观轴线分析图

视点景观轴线是指对景观节点、视点的串联和统一，有虚的、不存在的轴线，也有实的、存在的轴线，如图 10-5 所示。

图 10-5　某绿地设计的视点景观轴线分析图

5. 其他分析图(图 10-6、图 10-7)

图 10-6　某绿地设计的水体分析图

图 10-7　某绿地设计的灯光效果分析图

链接2　园林方案设计图的识读步骤

(1)阅读方案文本目录。图纸目录是提供绿地设计整体情况的目录,从中可以了解图纸数量、出图大小及整个绿地的主要功能。

(2)阅读方案的设计说明,初步了解设计意图。

(3)识读方案设计总平面图。结合场地分析、指北针、比例尺、图例等看懂总平面图,掌握其周围的环境等情况。

(4)识读方案设计功能分区图。阅读功能分析图,进一步了解方案设计的意图和其功能的合理性。

(5)识读道路交通分析图。阅读道路交通分析图,了解方案的道路等级划分,进一步了解该方案的设计意图。

(6)识读视点景观轴线分析图。阅读视点景观轴线分析图,可以帮助绘图者更加细致地了解方案设计的景观序列、设计意图及其设计意图的表达方式。

(7)识读其他分析图。其他分析图包括植物造景规划与意向图、水体分析图、灯光效果分析图、节点效果图等。

链接3　国家相关规范标准以及与方案设计图相关的规定

关于平面图的绘制,要严格参照《风景园林图例图示标准》(CJJ 67－1995)中关于平面图例的表述,详细要求可参见书后相关制图规范汇编。

识图者只有认真地了解相关制图标准,才能更好地看懂方案设计图,明白设计者的意图和目的。

链接4　方案景观设计师经验知识——景观设计的步骤

1. 进入兴奋状态

从一开始,在对设计任务书和设计场地还不十分熟悉的情况下,先要专心致志、同时并举地开展下面两项工作。

(1)改变对这块土地一无所知的现状。在一块陌生的土地上进行项目设计,需要在短时间内填补巨大的知识空白,尽快熟悉该地的各种情况。在此期间,一系列问题接踵而至,这块场地原来做什么用的?现在要用来做什么?人们要求怎样改造它?各种问题都将随着工作的展开而逐步得到确切的答案。从设计初始,某种求知欲就会激励着设计者提高观察力和敏锐性,然而,这种不断探求新知的渴望及其过程,不应延缓进入正式的设计工作阶段。

(2)不必等待所有的问题都得到解决,设计者完全可以提出一些工作设想,并勾画出设计草案。因为设计方案产生的原动力是直觉,尽早提出设计意向非常重要,要避免因冗长的前期分析而延误工作进度。

2. 全面观察场地

设计者必须遍访场地及其周边环境,仔细观察并记录下场地的各种外形状态,包括所有细微之处以及容易被忽视的方面,不应有任何遗漏的地方。弗朗索瓦·达戈涅在《具象空间认识论》一书中讲道:"不要抛开土地,也就是说不要抛开记载房屋、景观以及各种生物、材料、现状资源所依存的土地","景观是一种手段,与其说要发现景观,不如说要借助景观去发现"。

对于景观的观察方法,有两点建议:

(1)通过强调场地中最突出、最稳定的特性,就可以从总体环境氛围中提炼出场地中最明显的结构、实体、景物和生物。

(2)可以使设计者的注意力仅限于空间的结构和外部形态上。这就要求设计者采用一种更加原始、更具动物本性的眼光,也就是说,以一种不断搜寻、不会重复出现的眼光,仅仅关注场所的多样性状况。

3. 探索超越界限

在每一个景观设计的开始阶段,首先要对商定的设计边界表面上的合理性提出质疑,避免把景观分解成大量互不相干的"工地"碎片。相反,每一个场所设计都必须建立在对场地充分了解的基础上,并且设计应该针对所有邻里空间产生的现状资源,对此有着整体性的认识,使邻里空间通过彼此连接,构成一处场地中不同的地平线。

4. 离开场地以图再来

在最初的探索研究工作阶段,对场地的探索越多,发现也就越多,而每个空间的现状资源是取之不尽的。对场地的了解越多,就越会发现不同资源之间存在的诸多矛盾,其中,包括场地和设计任务书之间的矛盾。对场地的现状资源和设计任务书的要求分析得越透彻,就越难以开展工作,因为一不小心就被景观的复杂情况所束缚。因此,要有规律地远离场地,离开场地回到工作室中,用特殊的表现和移植现实的方式开展设计工作。而在现场时,会被淹没在浩繁的现状资源中,以至于无法做出任何决定。

5. 穿越不同尺度

构成景观的各种条件和元素彼此连接,在空间和时间上协调一致,这有助于设计者将景观的各种尺度紧密地嵌合在一起。在一个局部地点和整体区域的构成元素之间,常常有很多相互关联的方面。因此,穿越景观各个尺度就是在把握各种尺度,以同样的方式,就能把握住整体和局部、近景和远景的关系。在空间设计中,要运用这一方法使景观中的各种景物彼此连接,形成一个整体。

凡尔赛园林就是各种尺度彼此嵌合的经典范例,包括水池驳岸、台阶坡道、修剪树篱等的细部处理,都在含蓄或明确地显示着它们是构成园林的整体及其风格的参照物。在设计的每个步骤和层面上,穿越和把握各种尺度关系是最难掌握的,要求有更多的实践经验作为指导。因此,学生要尽快进行这方面的训练。

6. 展望场地未来

在设计中越来越依赖于对场地状况的了解,促使设计者以一种富有活力的方式去观察这个区域。实际上,在场地中发现的各种外部形态都表现出一种倾向性和具有普遍性的运动规律,反映出景观作品中那些有形的空间性和无形的时间性。只有充分了解影响区域组织和发展的各种内在因素,才能促进规划设计的顺利进展。

这种设计方法与电影制作中剪辑板上游标的作用相类似。影片剪辑时,先后按照一定的方向卷动胶片,就将反映不同时段的图像连接起来,从而构成一段连续的景象。如果把游标推向一端,就可以通过慢镜头延长一组画面的放映时间,从而能够发现在场景构成中起主导作用的图像,从而进行不同的剪辑。

7. 捍卫开放空间

捍卫开放空间实际上是在捍卫一种价值。更确切地说,捍卫开放空间就是反对将空间处理得过于拥挤甚至一概地堵塞。前文已经阐明了在场地与地平线的各种关系中,那些空白和间隔具有重要的作用。作为风景园林师,不应成为具有激进巨变思想者的同谋,要"有所为,有所不为"。如果想要什么都抓住、什么都兴建、什么都改造,往往事与愿违。应该抵制那些在空间中堆砌各种人造景点的设计方式。各种堆积在一起的景物,有时在很精心的设计下,常常从某个角度或局部看上去还不错,但是却使得整体景观显得累赘。虽然说空间设计的目的是要在空间中设置和安排景物,但通常也要求控制景物的设置。对设计师来说,重要的是作出有理有节的布局安排。

8. 公开设计过程

项目的策划人或主持人在谈到设计的主题思想或设计内容时,都会滔滔不绝,但是却很少论及如何论证设计行动本身,或者说在整体上对那些创作动机、各种行为方式和不同层面的做法以及组织进程的依据,尤其对于设计程序、深化过程、作出哪些让步、弥补和完善了哪些方面,等等,总是遮遮掩掩。因此,应该在注重设计过程而不是设计结果的思想指导下,采取逐渐达到目的的工作方式。

设计的最终目的是改变和完善场所。开放设计过程,就是要让大家——现在是教师,以后是决策者、使用者、企业家等——都理解到,如何依据一系列的决策促使最后方案的形成,这也使大家能够恰如其分地评价并且合理地介入设计过程。

鉴于设计的空间经实施后将对其他使用者开放,在设计中必须时时注意尽可能使人的活动与景物处于和谐的环境气氛中。风景园林师的艺术特点和行为方式要求他们应该善于与人协调。

9. 捍卫设计方案

公开设计过程并阐明各个阶段的工作内容,是有利于相互交流并在必要时改进方案的一个行之有效的步骤。但是一定要注意,不能因为对方的意见而使设计主体轻易受到侵犯、纠缠并最终改变设计方向!只有原创者才能修改设计方案并保持原有思路的完整性,也只有原创者才能确保设计形态的整体性与和谐性。因此,原创者必须成为设计方案的忠诚捍卫者。

课外实训项目

模拟角色:景观设计师分析员。

实训任务:识读园林方案设计图。

案例图纸:由授课教师提供。

项目成果内容:园林方案设计总平面图、交通分析图、功能分区图、轴线分析图等。

成果文件编制要求:

要求上交一份识图报告(格式自定,但基本信息要全面)。

思考题:

园林景观设计方案阶段主要包括哪些图纸?各种图纸的用处是什么?

项目 11
园林扩初图和施工图的综合识读

项目描述

识读黄山徽州庄园环境景观扩初设计和施工图设计全套图纸。

任务描述

通过识读黄山徽州庄园环境景观扩初设计和施工图设计全套图纸,全面了解扩初图和施工图包含的全部图纸内容及各种图纸的基本功能,初步掌握扩初图和施工图的识读步骤,并能根据目录和索引图快速找到所需图纸。

教学目标

能力目标:
识读园林扩初设计和施工图全套图纸。
知识目标:
1. 了解扩初图和施工图包含的全部图纸内容。
2. 掌握扩初图和施工图的识读步骤。
3. 了解扩初图和施工图各种图纸的基本功能。
4. 熟练掌握索引图、尺寸标注、定位图和工程详图的基本知识。

项目 11-1 园林扩初图的综合识读

项目支撑知识链接

链接1 园林扩初图的概念

扩初即"扩大初步设计",是对初步设计进行细化的一个过程。扩初是指在方案设计基础上的进一步设计,但设计深度还未达到施工图的要求,是介于方案和施工图之间的过程。施工图是最终用来施工的图纸。

表 11-1 景观扩初图纸目录表

类别	图纸名称	内容及要求	备注
图纸目录	图纸目录		
	设计说明	景观扩初设计说明	
景观经济技术指标	景观技术指标表	依据扩初图纸填写《景观技术指标表》	
	苗木清单表	依据扩初图纸填写《苗木清单表》	
	铺装清单表	依据扩初图纸填写《铺装清单表》	
	设备系统清单表	依据扩初图纸填写《设备系统清单表》	
	小品清单表	依据扩初图纸填写《小品清单表》	
景观总平面图设计	总平面图	文字说明总平面中各部分有哪些设施	适用于所有区域
	总平面索引图	对总平面图中的各部分设施索引标注,清楚讲述各设施索引到哪张详图	
	总平面放线图	标注总平面图中各部分设施、道路、构筑物等的平面位置及尺度	
	总平面竖向图	标明总平面图中各部分的顶标高、底标高、设施构筑物标高、水面及水底标高等	
	总平面排水图	与总平面竖向图结合,标明地面雨水排水方向、坡度以及雨水收集口的位置	
	总平面铺装图(CSD)	标注各铺装材料名称、肌理、规格、铺贴面图案做法	
	灯具布置总平面图	清楚标注各类灯具设计位置	
	家具小品布置总平面图	家具、花钵、垃圾桶等小品摆放位置定位	
	标识定位总平面图	确定各类标识摆放位置,设计时考虑预留安装位置	三类隔离带可不用
景观设计平面详图	节点一平面详图	1.节点平面图需清楚标明铺面材料名称、规格、肌理材料铺法,需清楚表达铺面交接做法,特别是转角处材料的交接,所有铺贴材料需与总平面图交圈; 2.地面铺装排水放坡方向、坡度比例需表述清楚; 3.竖向、尺寸标注完整,各种标高、平面尺寸不可遗漏; 4.平面图必须索引回总平面图,关于细部节点需索引到后续立面及细部详图	三类隔离带可根据需要确定
	节点二平面详图		
	节点三平面详图		
	……………		

续表

类别	图纸名称	内容及要求	备注
景观设计立(剖)面详图	节点一立(剖)面详图	1.节点立(剖)面图需清楚标明贴面材料名称、规格、肌理材料铺法,需清楚表达铺面交接做法,特别是转角处材料的交接,所有贴面材料需与总平面图交圈; 2.标高、尺寸标注完整,各种标高(各类顶、底标高)、平面尺寸不可遗漏; 3.立(剖)面图必须索引回总平面图,关于细部节点部分需往下索引到后续细部详图节点及相关图纸	三类隔离带可根据需要确定
	节点二立(剖)面详图		
	节点三立(剖)面详图		
	……		
景观设计细部详图	节点一细部详图	各个节点中的台阶、道牙、花槽、坐凳、景墙、挡土墙、水景喷泉、栏杆花架、现制小品等景观元素的平、立剖面及大样设计图。对所运用的各种面饰材料的颜色、尺寸、表面处理形式等详细标注,并配合甲方确定材料样板。	
	节点二细部详图		
	节点三细部详图		
道路设计	车行道路平面图	需明确道路平面位置、路面板块设计、路面铺装材料和排水方式设计	三类隔离带可不用
	车行道路立、剖面图	明确道路横纵坡设计,路面、道牙标高,排水坡度	
景观设计软景图纸	种植设计总说明	介绍种植设计原则及其实施质量要求	三类隔离带可根据需要确定
	苗木种植表	包括苗木名称、图例、规格、数量、备注及技术要求	
	乔木配置平面图	需有明确的文字标注,清楚说明树木类别及数量	
	灌木配置平面图	需有明确的文字标注,清楚说明灌木类别及数量、面积	
	种植详图	乔木、灌木、地被、花境等种植详图以及各类边缘处理详图	
给排水设计	给排水设计说明	介绍给排水设计原则及其实施质量要求	可附带设计
	给水(喷灌)平面定位图	定位给排水位置,并标明服务半径	
	给排水细部做法	细部做法需对材料、铺贴方法、水管布置方式、施工工艺的要求交代清楚	
电气设计	电气设计说明	介绍电气设计原则及其实施质量要求	可附带设计
	灯具布置总平面图	介绍灯具布置位置及回路连接方式	
	灯具选型照片	必须提供灯具选型	

链接2　园林扩初图综合识读步骤

1. 看封面、目录和设计说明

(1)看封面。从封面中了解整个项目名称、建设单位、施工单位、时间、工程项目编号等。

(2)看目录。从目录中了解整套扩初图所包括的内容,并能够根据目录索引快速地找到相对应的图纸。

(3)看设计说明。从设计说明中了解项目定位、材料定位、设计依据及范围、设计技术说明及要求等。

图 11-1　扩初设计——设计说明

2. 识读总图设计

(1)识读总平面图。看图名、比例、风向玫瑰图或指北针,了解设计范围、整体空间布局等。

(2)识读总平面竖向图。看等高线的分布或高程标注,了解地形高低变化,了解土方工程情况。

(3)识读其他总图设计。如景观取水栓布置图、景观灯具布置图、背景音乐布置图、景观雨水口布置图等。

黄山徽州庄园景观扩初设计

设计说明

M.设计说明

项目定位

环境景观以"传统徽派风格"作为设计基调，将徽派园林化繁为简，局部注入现代化的空间模式和空间需求，创造一个散发出具有徽派园林意味的山水人文度假旅游区。我们从徽派传统文化中汲取文化精髓，于现代生活中撷取中式景观的诗画意象，营造弥漫着徽派沉着朴实的格调与现代实用便利优点的空间，实现与传统神韵回归。提取具有徽派特色的绘画艺术水墨画艺术精神及意念中画面中园林的小桥流水那种向往，唤醒人们深藏的场所所记忆和文化认同感。示范区以胡雪岩名宅，徽派文化的深意远，现化）为主题，对各区域的景观环境进行统一规划设计，以达到充分整合资源，创造出一个景色宜人的园林盆景名景区。徽派文化的深意远，用现代设计手法，把相互协调的多种元素组合起来，创造充满意境美的景观空间。

设典雅、博大精深、相互涵泳，十分忙人、意、物、境相融统一，形神兼备。因此在各主题景观空间中我们以该原则为核心，以意、自然（春夏秋冬）、人文（胡雪岩文化）为主题，博大精深、相互涵泳。

材料定位

根据"传统徽派风格"作为设计基调，整个度假旅游区为灰色系，其主材料为青石、青砖、防腐木、芝麻黑、黄锈石等。

01.人造材料：本工程所用人造材料主要有青砖、通体砖、故事砖、青瓦、通体砖规格为230*115*45，抗压强度等级≥Cc35，抗折强度≥Cf3.0。

02.本工程所用木材均为杉木防腐等级，杉木，木材应按A级防腐木标准由专门工厂处理（或成品），木材应在含水率小于15%的情况下涂刷防腐漆（如氟化钠）。

03.铺装设计：铺装色彩，用材上整体统一，通过同种铺装材料的不同拼接形式来区别空间，与空间划分相协调主材采用青砖、防腐木、芝麻黑、卵石、黄锈石等。

04.本次设计范围内，其中九层阁楼、董糖亭、廊桥、30米长大盆景及假山、石桥、廊亭、胡雪岩文化长廊及胡雪岩雕像、门坊大门、六角亭等由甲方委托古建筑设计院另行设计。

图 11-2 扩初设计——设计说明

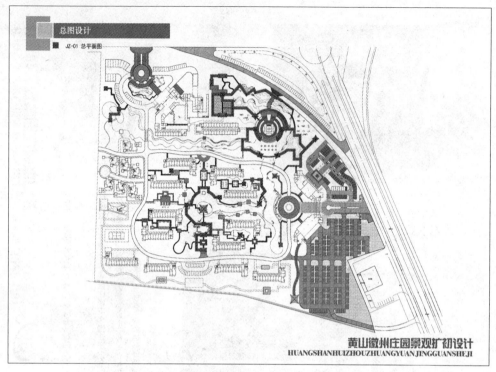

图 11-3　扩初设计——总平面图

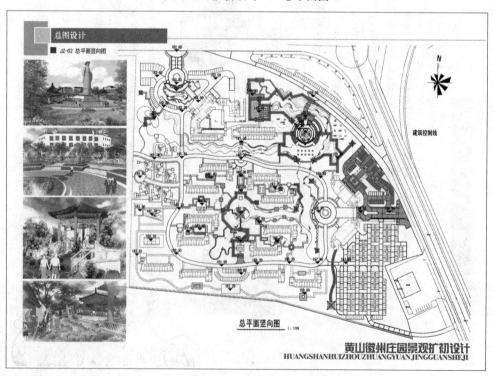

图 11-4　扩初设计——总平面竖向图

项目11 园林扩初图和施工图的综合识读

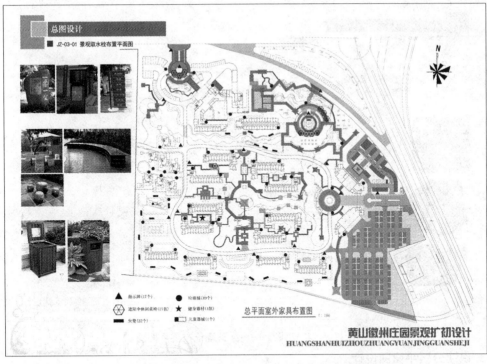

图 11-5 扩初设计——景观取水栓布置平面图

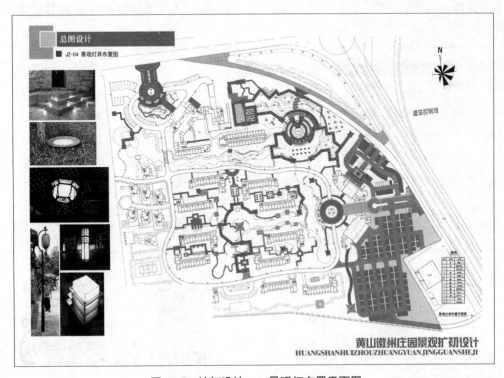

图 11-6 扩初设计——景观灯布置平面图

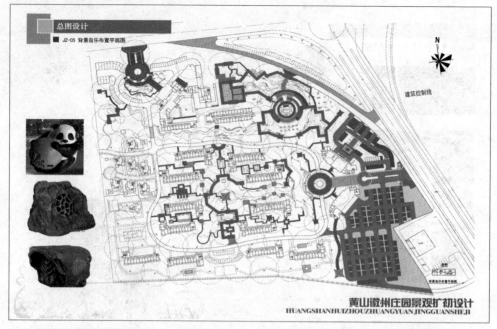

图 11-7 扩初设计——背景音乐布置平面图

3. 识读分区平面图设计

首先识读分区索引图,然后依次识读各分区平面图、平面尺寸图(定位图)、剖面图、各景观节点详图设计等,了解各分区平面空间尺寸大小、各分区剖面结构及分区内部景观节点设计。

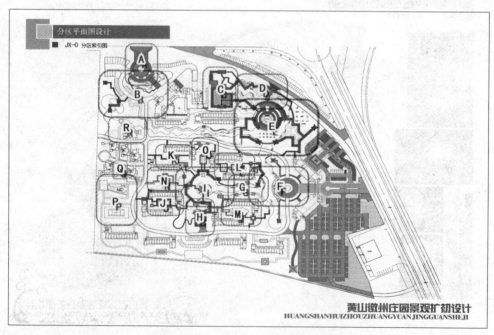

图 11-8 扩初设计——分区索引图

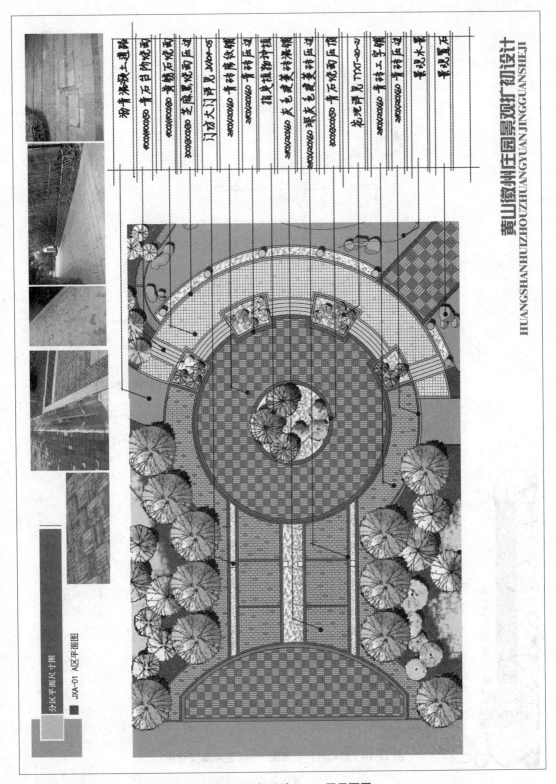

图 11-9 扩初设计——A 区平面图

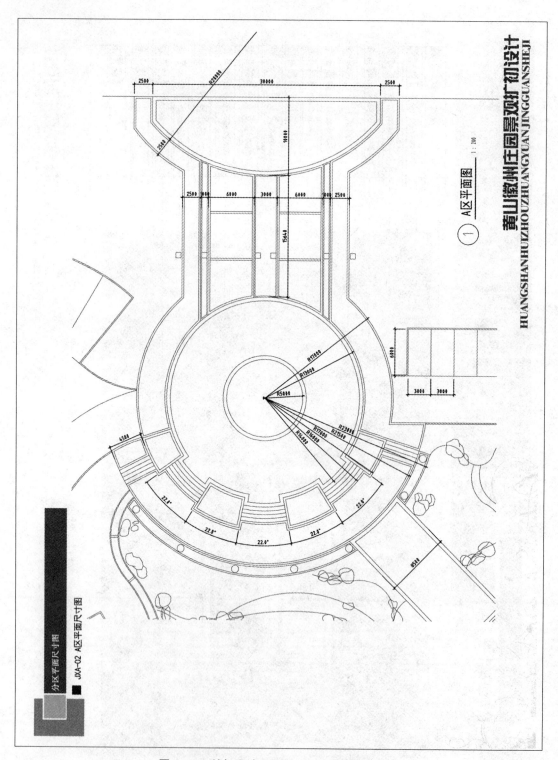

图 11-10 扩初设计平面图——A 区平面尺寸图

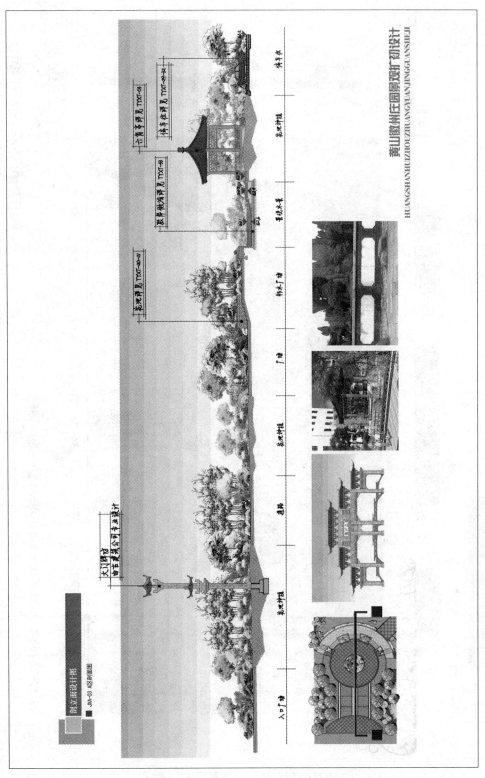

图 11-11 扩初设计——A 区剖面图

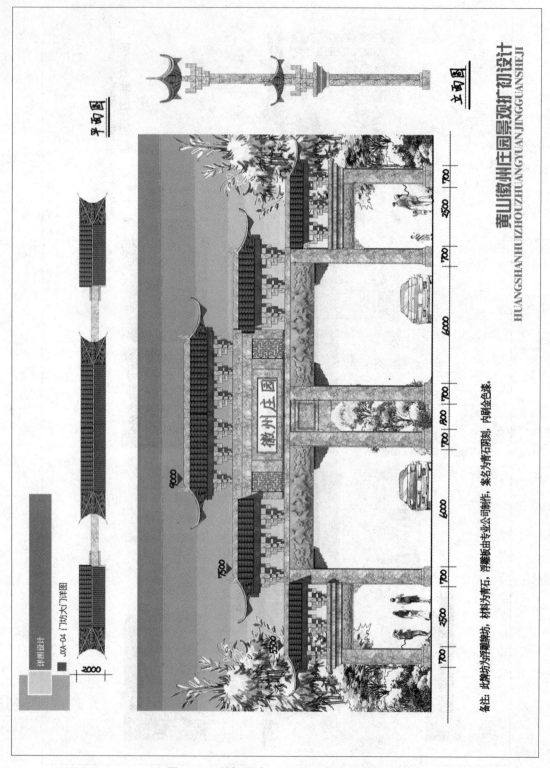

图11-12 扩初设计——A区门坊大门详图

4. 识读通用详图设计

通用详图设计主要包括各类亭、廊、铺装、特色景墙、石桥、花池、树池、浮雕、花窗、停车位、雨水井、排水沟等详图设计，应了解它们的尺寸大小、材料、形式与结构等。

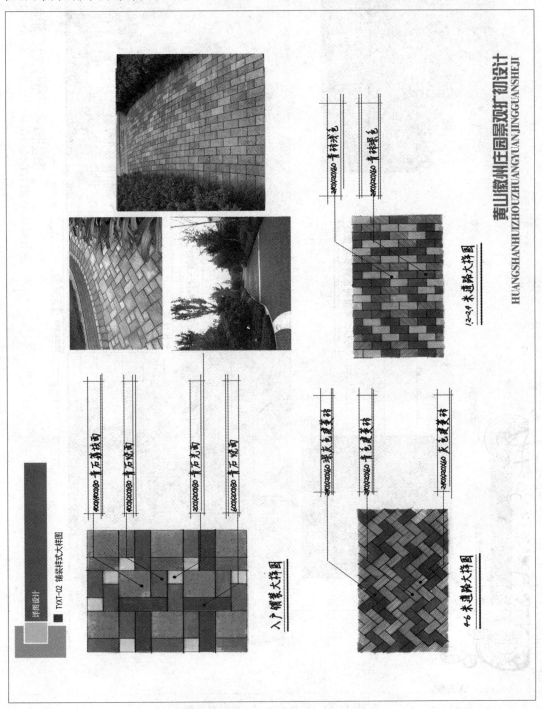

图 11-13　扩初设计——铺装样式大样图

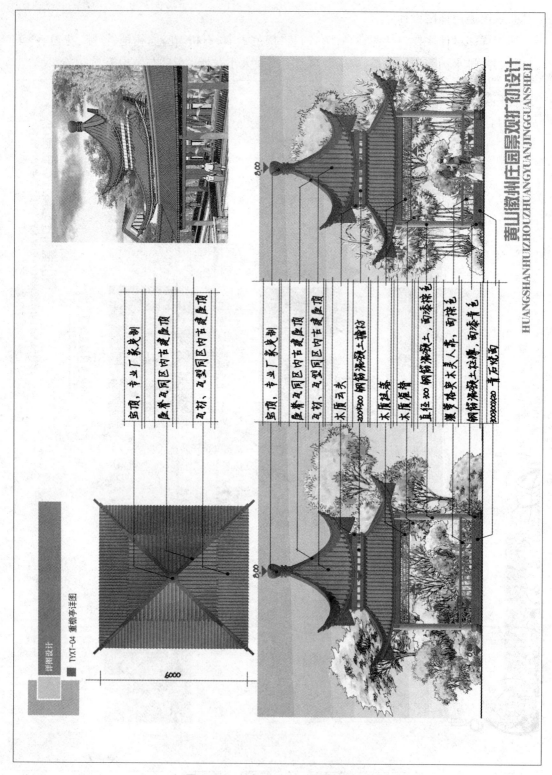

图 11-14 扩初设计——重檐亭详图

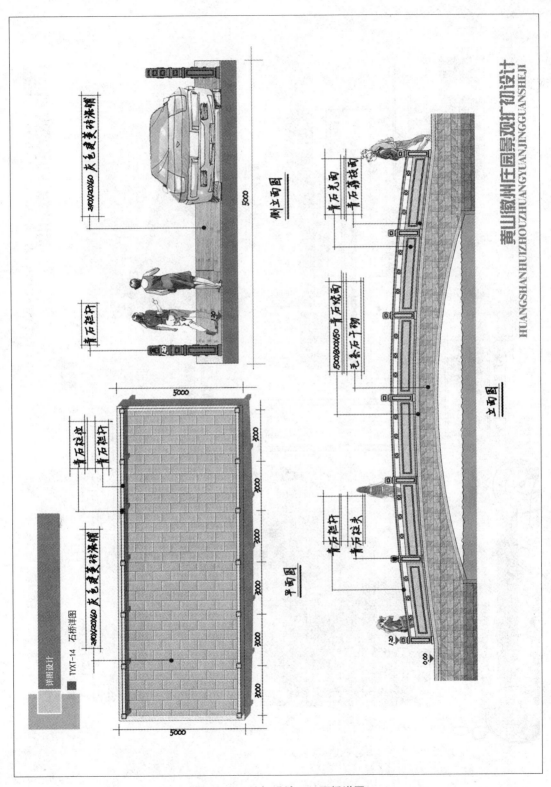

图 11-15　扩初设计——石桥详图

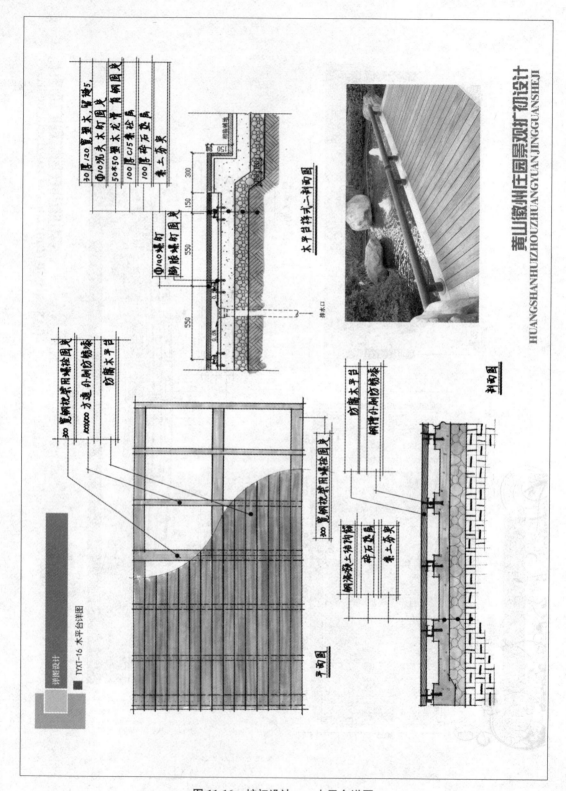

图 11-16 扩初设计——木平台详图

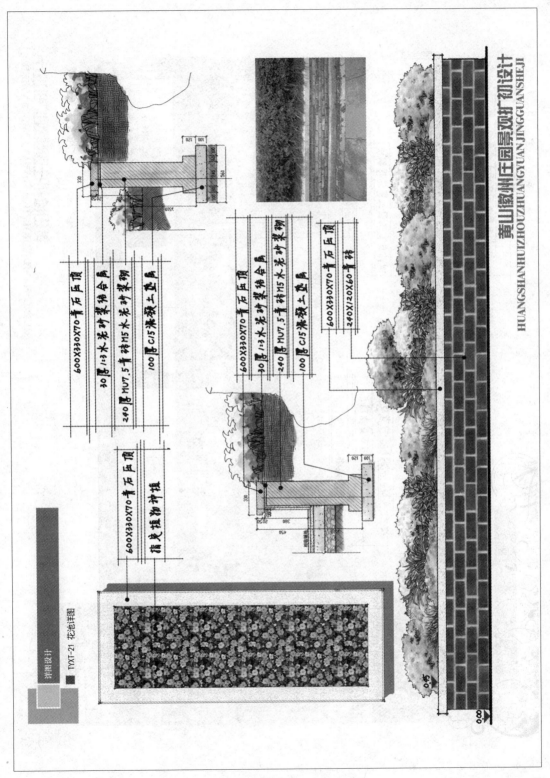

图 11-17 扩初设计——花池详图

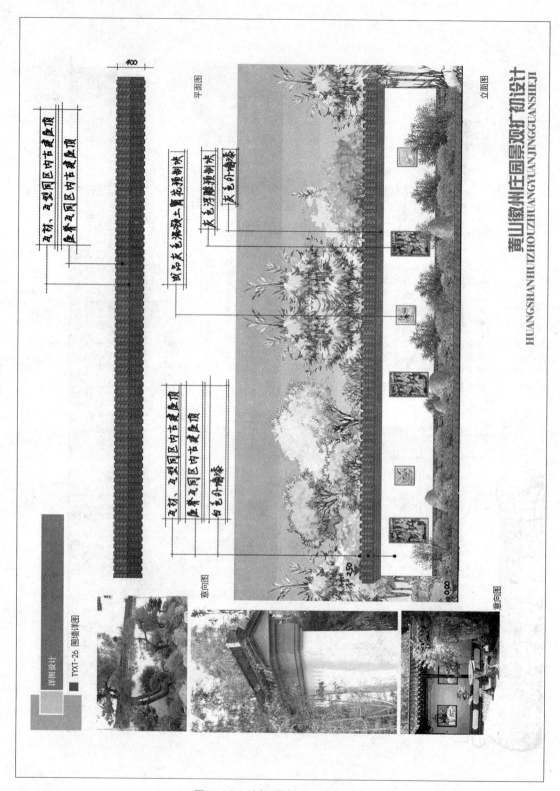

图 11-18 扩初设计——围墙详图

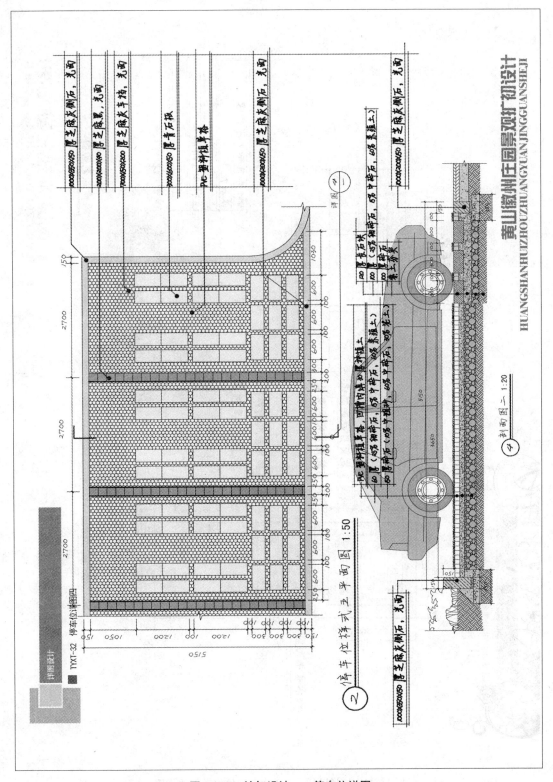

图 11-19　扩初设计——停车位详图

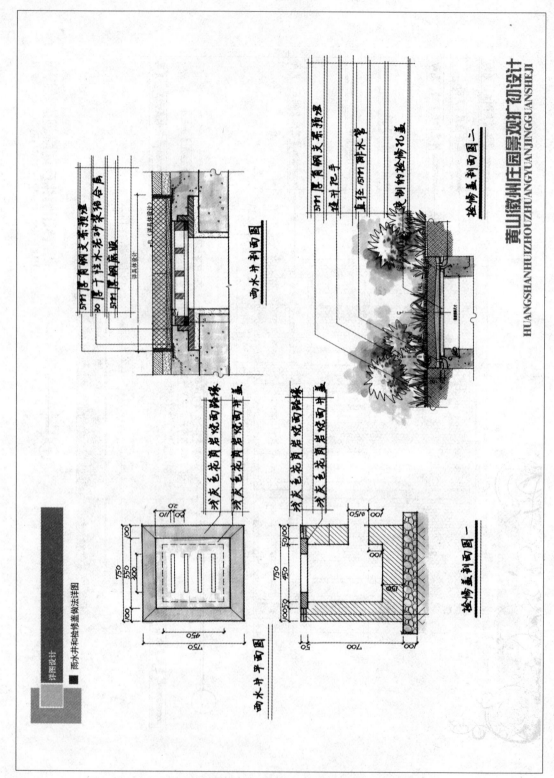

图 11-20 扩初设计——雨水井和检修盖做法详图

5. 识读景观意向图

景观意向图可以是手绘的草图,也可以是经过处理的效果图,大多数情况下是类似景观的图片或照片。从意向图中可以了解景观大致做成什么样子,看出设计师的设计意向。

图 11-21　扩初设计——娱乐设施意向图

图 11-22　扩初设计——植物意向图

项目11-2　园林施工图的综合识读

项目支撑知识链接

链接1　园林施工图的概念

园林施工图是指园林工程施工对象的全部尺寸、用料、结构、构造以及施工要求，是用于指导施工的图样。它具有图纸齐全、表达准确、要求具体的特点，是进行工程施工、编制施工图预算和施工组织设计的依据，也是进行技术管理的重要技术文件。

一套完整的园林施工图所包含的内容如下。

(1)文字部分。文字部分包括封皮、目录(图11-23)、总说明(图11-24)、材料表等。

(2)施工放线。施工放线部分包括施工总平面图、各分区施工放线图、局部放线详图等。

(3)园林绿化工程。园林绿化工程部分包括植物种植设计说明、植物材料表、种植施工图、局部施工放线图、剖面图等。如果采用乔、灌、草多层组合，分层种植设计较为复杂，应该绘制分层种植施工图。

(4)土方工程。土方工程部分包括竖向施工图和土方调配图。

(5)建筑工程。建筑工程部分包括建筑设计说明，建筑构造作法一览表，建筑平面图、立面图、剖面图，建筑施工详图等。

(6)结构工程。结构工程部分包括结构设计说明，基础图、基础详图，梁、柱详图，结构构件详图等。

(7)电气工程。电气工程部分包括电气设计说明，主要设备材料表，电气施工平面图、施工详图、系统图、控制线路图等。大型工程应按强电、弱电、火灾报警及其智能系统分别设置目录。

(8)给排水工程。给排水工程部分包括给排水设计说明，给排水系统总平面图、详图，给水、消防、排水、雨水系统图，喷灌系统施工图等。

链接2　园林施工图的综合识读

1. 识读封面、目录及设计说明

(1)看封面。从封面中了解整个项目名称、建设单位、施工单位、时间、工程项目编号等。

(2)看目录。从目录中了解整套施工图纸所包括的图纸内容，能够根据目录索引快速地找到相对应的图纸(图11-23)。

(3)看设计说明。从设计说明中了解设计依据及范围，明确施工技术要求等(图11-24)。

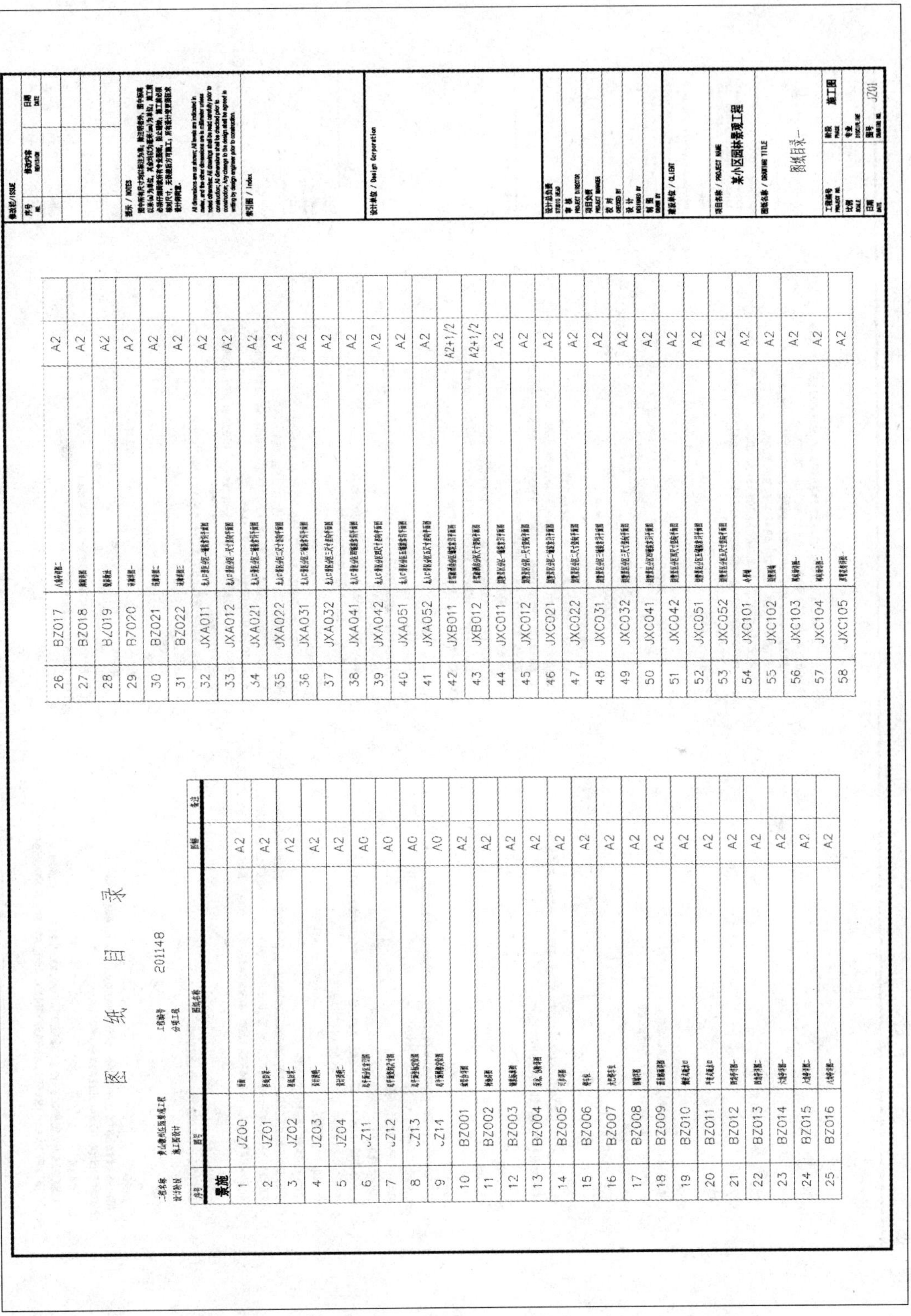

图 11-23 施工图设计——图纸目录(只节选图纸的部分目录和图纸)

设 计 说 明

1. 工程项目：　某小区园林景观工程

建设单位：

环境设计：

2. 设计依据：

2.1 国家及地方颁发的有关工程建设的各类规范、规定与标准。

2.2 经过城建、人防、环保、消防等部门送审同意的总平面布置图。

2.3 甲方对乙方的设计委托书。

2.4 甲方认可的景观规划设计方案

3. 设计深度：

按照建设部一九九二年版《建筑工程设计文件编制深度的规定》中施工图设计深度及园林绿化设计规范的有关要求，本设计单位根据甲乙双方合同确定的设计深度进行编排制定。

4. 设计内容、范围：

征地红线内景观工程

5. 技术说明及要求：

5.1 本工程总平图与分区平面图设计标高采用绝对标高值，园建单体及立、剖设计未特别注明为绝对标高值。

5.2 本工程设计中除标高以米(m)为单位外，其余尺寸均以毫米　(mm)为单位。

5.3 本工程设计中所指距地高度均指离开完成面高度。

5.4 本工程设计中所注材料配合比除注明重量比外，其余均为体积比。

5.5 本工程各种材料做法标注顺序自上而下：垂直面上是以施工先后次序注写；水平面上是按实际的上下层次注写。

5.6 所有外装饰材料色彩需报小样，经甲方及设计单位认可后方可大面积施工。

5.7 地下管线应在绿化施工前铺设。

5.8 石材留缝除特殊说明外，其余未注明处均为密缝

5.9 各类设备应在本工程土建施工之前由甲方负责组织相关的设备技术施工图，经本设计单位审核后，厂家或安装单 位派专人赴现场配合土建施工

5.10 施工安装必须严格遵守国家颁布的有关标准及各项施工验收规范的规定，并与结构、水、电、绿化配置等专业 施工图纸密切配合。

5.11 设计选用新型材料产品时，其产品的质量和性能必须经过检测符合国家标准后才能采用，并由生产厂家负责指 导施工，以保证施工质量。

6. 安全措施：

本工程所有的设计均需满足国家及地方现行工程建设规范。

7. 硬景部分

7.1 做法说明：

除图纸中另有要求或另有工程做法的详细说明外，均按此工程做法的要求施工。如图纸与现场有任何偏差，施工方应及时通知景观设计师，改变前需得到业主和景观设计师的批准确认。

7.1.1 广场地面

7.1.1.1 地面垫层应铺设在均匀密实的基土上，耕土和淤泥必须挖除后用素土或灰土分层夯实。当地基土质较差时，可用碎石、卵石或碎砖等夯入土中，以加强基土，对软弱地基的利用或处理，可参照“工业与民用建筑地基基础设计规范”办理。

7.1.1.2 各类地面垫层厚度选定除应考虑地面荷载、压实填土地基变形模量E0外，对于有腐蚀性介质作用的地面或面层设计质量有较高要求、以及地面面积较大时，均宜采用100厚　C15　混凝土垫层。

7.1.1.3 各类地面的地基为素土夯实，其垫层下填土的压实系数（土的控制干容重与最大干容重的比值）不小于0.9。

7.1.1.4 天然花岗石面材安装前，应进行品种、颜色分类选配后，按设计要求铺贴。

7.1.1.5 铺装依施工放线而定，所有曲线需按方格网放线以保证曲线流畅，自然。

7.1.1.6 广场地面铺装需设置伸缩缝，纵向、横向缩缝间距不大于6m，可用分仓施工缝代替，伸缝间距为20-30m，缝宽 20　mm，沥青灌缝。

7.1.1.7 铺装做法详见附表。

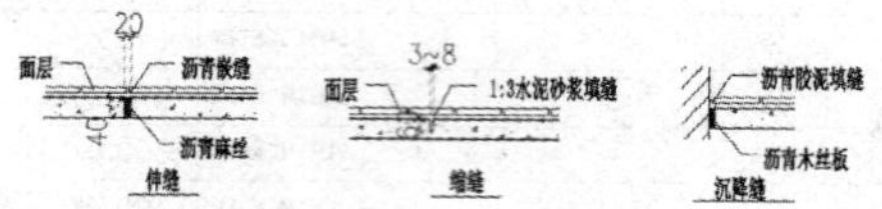

7.1.2 道路、台阶、坡道

7.1.2.1 室外坡道其坡高与坡长之比不宜大于1:10，供轮椅使用的坡道不宜大于1:12。

7.1.2.2 路面横坡：人行道为2-3　%，混凝土车行道为1-1.5　%，沥青面层为 1.5-2　%。

7.1.2.3 混凝土路面纵、横向缩缝间距 5-6m　，伸缝间距一般为20-30m　，缝宽 20　mm，沥青灌缝。

7.1.2.4 路面宽度、坡度及道牙、排水口等均见单项工程设计处理。

7.1.2.5 台阶或坡道下回填土须分层夯实。

7.1.2.6 台阶或坡道平台与外墙面之间须设变形缝，缝宽30，灌建筑嵌缝油膏，深50　。

7.1.2.7 室外人行道无障碍缘石坡道做法，正面坡的缘石外露高度不大于 20，坡度不得大于1:12 宽度不得小于1.2m。侧面坡的坡度不得大于 1:12，全宽式缘石坡道的坡度不得大于 1:20。

7.1.3 排水沟

7.1.3.1 砖砌排水沟用 MU7.5　砖、M5 水泥砂浆砌筑。

7.1.3.2 排水沟如遇填土，沟底C15　混凝土垫层下应加铺 50-70　粒径卵石（或碎石）一层夯入土中。

7.1.3.3 排水沟纵向坡度为 0.5 %；

7.1.3.4 排水沟与勒脚交接处设变形缝，缝宽 30　灌建筑嵌缝油膏，深 50。

7.1.3.5 每 30-40m　设变形缝，缝宽30 灌建筑嵌缝油膏。

7.1.4 场地标高

7.1.4.1 施工方应对整个设计范围内最终实施的地形、场地、路面及排水的最终效果负责。施工前应粗略核实相应的场地标高，并将有疑问及相关矛盾之处提醒设计师注意，以便在施工前解决此类问题。

7.1.4.2 对于车行道路面标高、剖面图、区域排水系统、路面排水系统道牙顶端标高等，请参照建筑师的图纸。施工前，应对照建筑师的图纸核实所有平面图中注明的竖向信息资料。

7.1.4.3 路面排水系统，区域排水系统，植物排水系统，植物疏水系统及穿孔排水管线都应与雨水排水系统相连，参照建筑师或技术工程师的图纸。

7.1.4.4 以下坡比标准适用于所有场地情况，如有差异，请在竖向施工前通知环境设计师：

场地	最小	最大
广场及庭院	0.5 %	2%
人行道	0.5%	4.9%
斜坡	5 %	8.33%　（需设扶手）
地面种植	2%	2:1
台阶、坡道及休息平台	0.5 %	0.5%

7.1.4.5 所有地面排水、应从构筑物基座或建筑外平面向外排往雨水口

7.1.4.6 施工方应与业主协调室内外出入口处的室内外高差。

修改栏/ISSUE

序号 NO.	修改内容 REVISION	日期 DATE

提示 / NOTES

图中所有尺寸均以标注为准；除注明者外，图中标高以米(m)为单位，其余均以为毫米(mm)为单位；施工前必须仔细阅读所有专业图纸，防止疏漏；施工前必须核对尺寸，无误后方可施工；所有设计变更须征求设计师同意。

All dimensions are as shown; All levels are indicated in meter, and the other dimensions are in millimeter unless noted otherwise; All drawings shall be read carefully prior to construction; All dimensions shall be checked prior to construction; Any change to the design shall be agreed in writing by design engineer prior to construction.

索引图 / Index

设计单位 / Design Corporation

设计总负责 STUDIO HEAD

审 核 PROJECT DIRECTOR

项目负责 PROJECT MANAGER

校 对 CHECKED BY

设 计 DESIGNED BY

制 图 DRAWN BY

建设单位 / CLIENT

项目名称 / PROJECT NAME

某小区园林景观工程

图纸名称 / DRAWING TITLE

设计说明一

工程编号 PROJECT NO.		阶段 PHASE	施工图
比例 SCALE		专业 DISCIPLINE	
日期 DATE		图号 DRAWING NO.	JZ03

图 11-24　施工图设计——设计说明

2. 识读施工总平面图(图 11-25)及总定位图(图 11-26)

(1)看指北针(或风向玫瑰图),绘图比例(比例尺),文字说明,景点、建筑物或者构筑物的名称标注,图例表等。

(2)看道路、铺装的位置、尺度、主要点的坐标、标高以及定位尺寸等。

(3)看小品主要控制点坐标及小品的定位、定形尺寸等。

(4)看地形、水体的主要控制点坐标、标高及控制尺寸等。

对无法用标注尺寸准确定位的自由曲线园路、广场、水体等,应给出该部分局部放线详图,用放线网表示,并标注控制点坐标。

3. 识读建筑平面图、立面图、剖面图,施工详图等

通过对照各园林建筑及平面图、立面图、剖面图及各节点大样施工图,能够掌握其空间尺寸大小、材料、造型及具体施工做法等。

链接 3　国家相关规范标准与扩初图、施工图相关的规定

扩初图设计应按照《建筑工程设计文件编制深度规定》中初步设计的相关要求及相关规范实施。

施工图应按照《房屋建筑制图统一标准》(GB/T50001-2010)12、13、14 中关于计算机制图的相关规定和《风景园林图例图示标准》(CJJ 67-1995)进行绘制。

链接 4　园林扩初图、施工图识读经验知识

(1)识读园林扩初图时,应贯彻整体方案设计思路,把握景观节点空间关系、功能分区、道路交通组织等,深入识读总体平面图。

(2)识读园林施工图时,应根据平面图、立面图、剖面图及各大样详图来想象对象的空间结构特征,培养空间想象力,为今后工作中现场施工打好基础。

(3)识读扩初图、施工图时,要把握纲领,注意其设计技术要求等细节。

课外实训项目

模拟角色:实习施工员。

实训任务:识读某园林景观工程全套扩初图和施工图图纸。

案例图纸:由授课教师提供。

项目成果内容:识图报告。

成果文件编制要求:

(1)用 PPT 汇报。

(2)能了解整套扩初图和施工图设计内容与要求,掌握相关制图规范。

思考题:

识读扩初图和施工图时应该注意哪些内容?

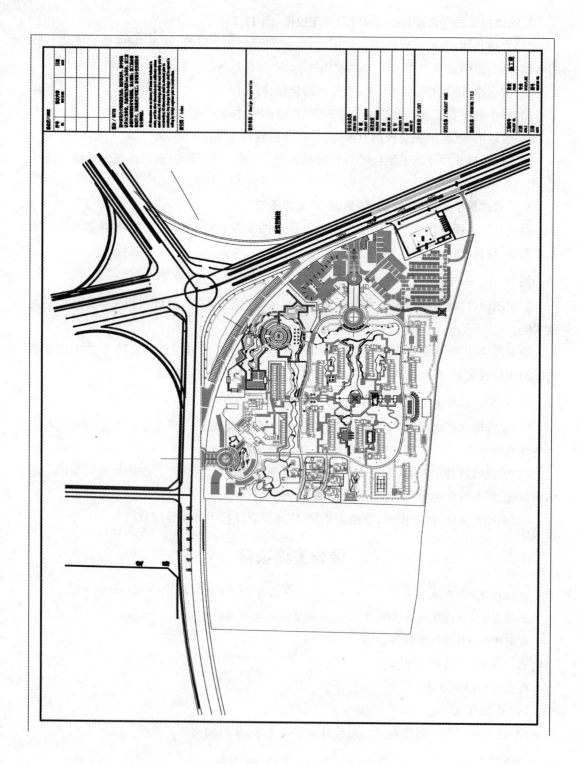

图 11-25 施工图设计——施工总平面图

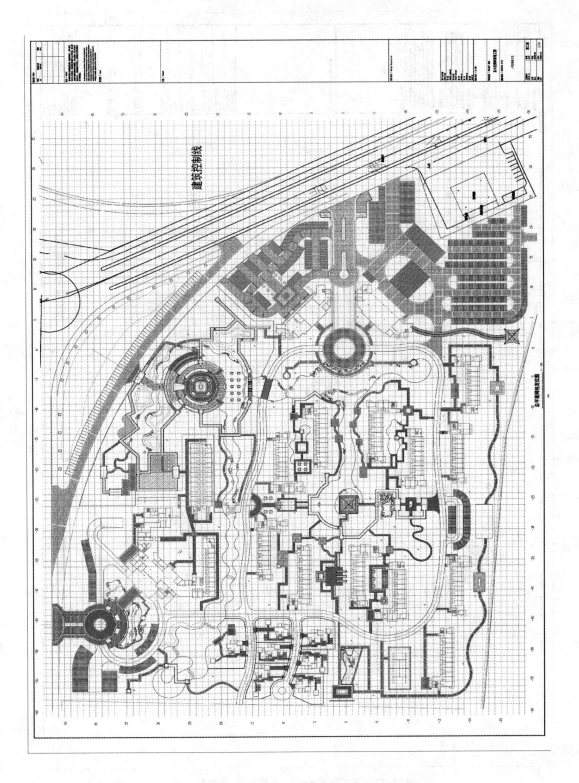

图 11-26 施工图设计——总定位图

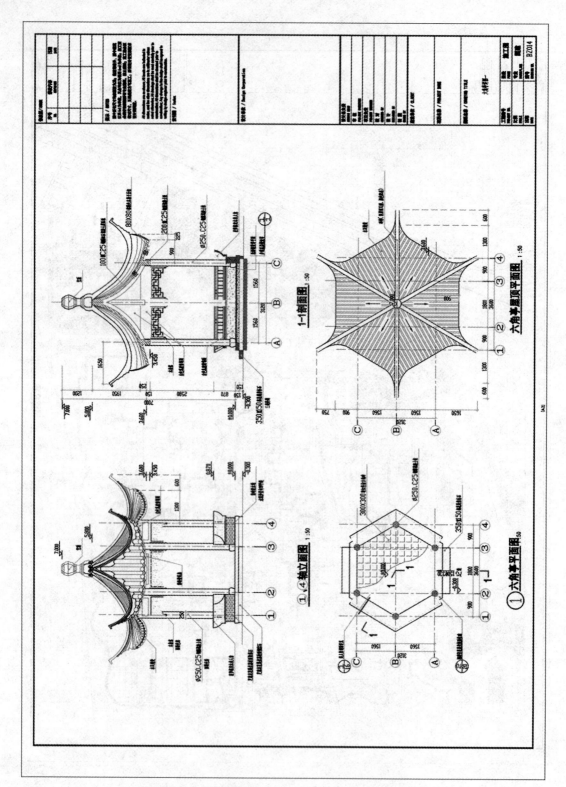

图 11-27 施工图设计——六角亭平、立剖施工图

附 录

一、《总图制图标准》(GB/T50103—2010)(节选)

总平面图例应符合附表1的规定。

附表1 总平面图例

序号	名称	图例	备注
1	新建建筑物	$X=$ / $Y=$ ① 12F/2D $H=59.00m$	新建建筑物以粗实线表示与室外地坪相连接处±0.00外墙定位轮廓线 建筑物一般以±0.00高度处的外墙定位轴线交叉点坐标定位。轴线用细实线表示,并标明轴线号 根据不同设计阶段标注建筑编号,地上、地下层数,建筑高度,建筑出入口位置(两种表示方法均可,但同一图纸采用一种表示方法) 地下建筑物以粗虚线表示其轮廓 建筑上部(±0.00以上)外挑建筑用细实线表示 建筑物上部连廊用细虚线表示并标注位置
2	原有建筑物		用细实线表示
3	计划扩建的预留地或建筑物		用中粗虚线表示
4	拆除的建筑物		用细实线表示
5	建筑物下面的通道		—

续表

序号	名称	图例	备注
6	散状材料露天堆场	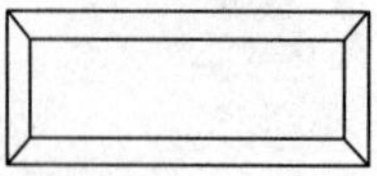	需要时可注明材料名称
7	其他材料露天堆场或露天作业场	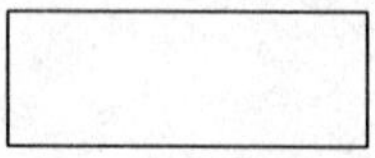	需要时可注明材料名称
8	铺砌场地	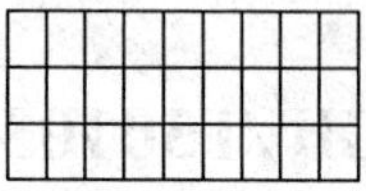	—
9	敞棚或敞廊	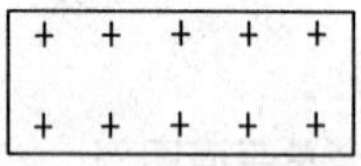	—
10	高架式料仓	 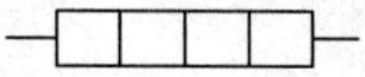	—
11	漏斗式贮仓		左、右图为底卸式 中图为侧卸式
12	冷却塔(池)	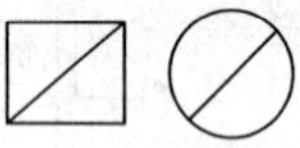	应注明冷却塔或冷却池
13	水塔、贮罐	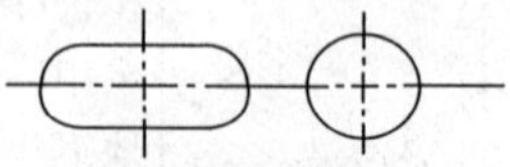	左图为卧式贮罐 右图为水塔或立式贮罐
14	水池、坑槽		也可以不涂黑
15	明溜矿槽(井)	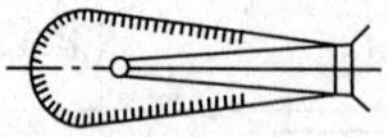	—
16	斜井或平硐	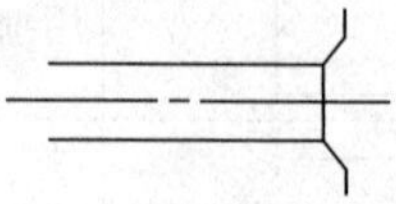	—
17	烟囱		实线为烟囱下部直径,虚线为基础,必要时可注写烟囱高度和上、下口直径
18	围墙及大门	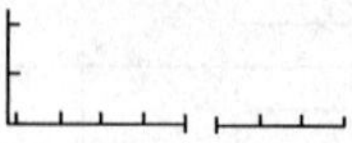	—

续表

序号	名称	图例	备注
19	挡土墙	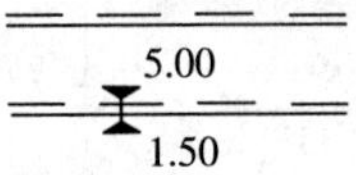 5.00 / 1.50	挡土墙根据不同设计阶段的需要标注 墙顶标高 墙底标高
20	挡土墙上设围墙		—
21	台阶及无障碍坡道	1. 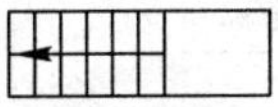 2. 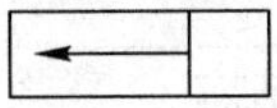	1. 表示台阶（级数仅为示意） 2. 表示无障碍坡道
22	露天桥式起重机	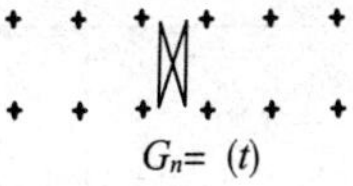 $G_n=(t)$	起重机起重量 G_n，以吨计算 "＋"为柱子位置
23	露天电动葫芦	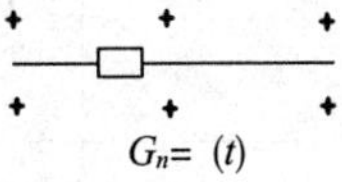 $G_n=(t)$	起重机起重量 G_n，以吨计算 "＋"为支架位置
24	门式起重机	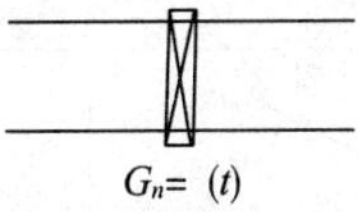 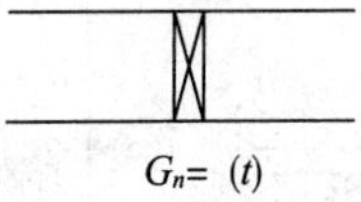 $G_n=(t)$ $G_n=(t)$	起重机起重量 G_n，以吨计算 上图表示有外伸臂 下图表示无外伸臂
25	架空索道		"I"为支架位置
26	斜坡卷场机道	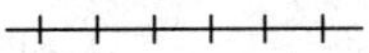	—
27	斜坡栈桥（皮带廊等）	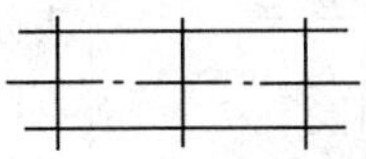	中间细实线表示支架中心线位置
28	坐标	1. 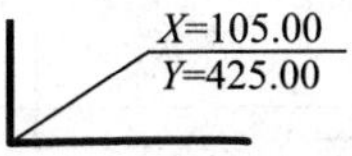 $X=105.00$ / $Y=425.00$ 2. $A=105.00$ / $B=425.00$ 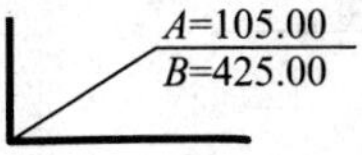	1. 表示地形测量坐标系 2. 表示自设坐标系 坐标数字平行于建筑标注

续表

序号	名称	图例	备注
29	方格网交叉点标高	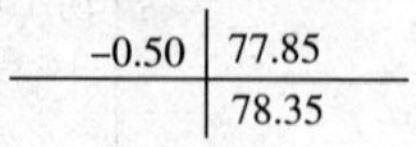 −0.50 ǀ 77.85 78.35	"78.35"为原地面标高 "77.85"为设计标高 "−0.50"为施工高度 "−"表示挖方（"＋"表示填方）
30	填方区、挖方区、未整平区及零线	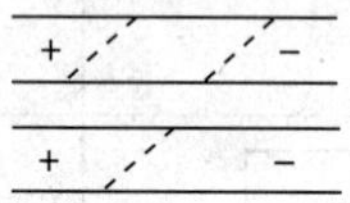	"＋"表示填方区 "−"表示挖方区 中间为未整平区 点划线为零点线
31	填挖边坡	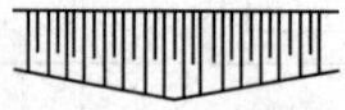	—
32	分水脊线与谷线	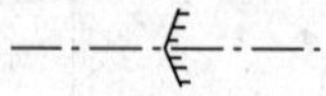 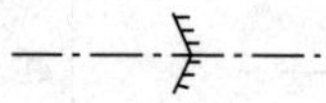	上图表示脊线 下图表示谷线
33	洪水淹没线	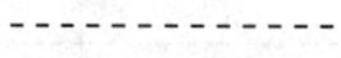	洪水最高水位以文字标注
34	地表排水方向		—
35	截水沟	 40.00	"1"表示1‰的沟底纵向坡度，"40.00"表示变坡点间距离，箭头表示水流方向
36	排水阴沟	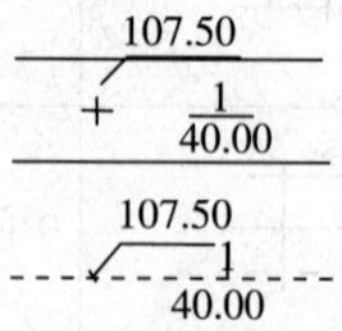 107.50 ＋ 1/40.00 107.50 40.00	上图用于比例较大的图面 下图用于比例较小的图面 "1"表示1‰的沟底纵向坡度，"40.00"表示变坡点间距离，箭头表示水流方向 "107.50"表示沟底变坡点标高（变坡点以"＋"表示）
37	有盖板的排水沟	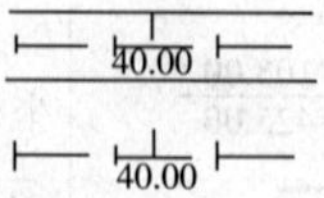 40.00 40.00	—

续表

序号	名称	图例	备注
38	雨水口	1. ▭▬ 2. ▭▭ 3. ▬▭▬	1. 雨水口 2. 原有雨水口 3. 双落式雨水口
39	消火栓井	⊖	—
40	急流槽	▬▬▶▶▶▬▬	箭头表示水流方向
41	跌水	→∣	
42	拦水(闸)坝	▭▭▭	—
43	透水路堤	▨▨	边坡较长时，可在一端或两端局部表示
44	过水路面	▭	—
45	室内地坪标高	▽ 151.00 (±0.00)	数字平行于建筑物书写
46	室外地坪标高	▼ 143.00	室外标高也可采用等高线
47	盲道	▥	—
48	地下车库入口	▭◁▷▭	机动车停车场
49	地面露天停车场	▥	—
50	露天机械停车场	⊠	露天机械停车场

二、《风景园林图例图示标准》(CJJ 67—1995)

1 总 则

1.0.1 为了统一风景园林制图的常用图例图示,适应风景园林的建设发展,制定本标准。

1.0.2 本标准适用于绘制风景名胜区、城市绿地系统的规划图及园林绿地规划和设计图。

1.0.3 未规定的图例图示,宜根据本标准的原则和所列图例的规律性进行派生,图例图示的形象应以简明、清晰、美观为原则。

1.0.4 图例图示的尺度应根据图纸的比例、设计的深度和图面效果去定。

1.0.5 图例图示可进一步用字母、数字、文字等加以补充。

1.0.6 风景园林制图除应符合本标准外,尚应符合国家现行有关标准的规定。

2 风景名胜区与城市绿地系统规划图例

2.1 地界

序号	名称	图例	说明
2.1.1	风景名胜区(国家公园),自然保护区等界	—‥—‥—	
2.1.2	景区、功能分区界	—·—·—	
2.1.3	外围保护地带界	—┬—┬—┬—	
2.1.4	绿地界	———	用中实线表示

2.2 景点、景物

序号	名称	图例	说明
2.2.1	景点	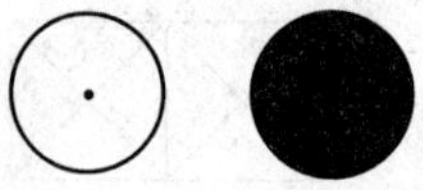 ○ ●	各级景点依圆的大小相区别 左图为现状景点 右图为规划景点

续表

序号	名称	图例	说明
2.2.2	古建筑		2.2.2~2.2.29 所列图例宜供宏观规划时使用,其不反映实际地形及形态。需区分现状与规划时,可用单线圆表示现状景点、景物,双线圆表示规划景点、景物
2.2.3	塔		
2.2.4	宗教建筑(佛教、道教、基督教……)		
2.2.5	牌坊、牌楼		
2.2.6	桥		
2.2.7	城墙		
2.2.8	墓、墓园		
2.2.9	文化遗址		
2.2.10	摩崖石刻		
2.2.11	古井		
2.2.12	山岳		
2.2.13	孤峰		
2.2.14	群峰		

续表

序号	名称	图例	说明
2.2.15	岩洞		也可表示地下人工景点
2.2.16	峡谷		
2.2.17	奇石、礁石		
2.2.18	陡崖		
2.2.19	瀑布		
2.2.20	泉		
2.2.21	温泉		
2.2.22	湖泊		
2.2.23	海滩		溪滩也可用此图例
2.2.24	古树名木		
2.2.25	森林		
2.2.26	公园		
2.2.27	动物园		
2.2.28	植物园		
2.2.29	烈士陵园		

2.3 服务设施

序号	名称	图例	说明
2.3.1	综合服务设施点	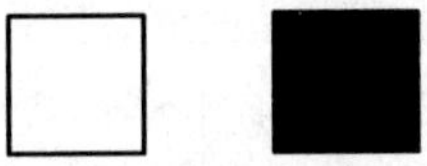 □ ■	各级服务设施可依方形大小相区别。左图为现状设施，右图为规划设施
2.3.2	公共汽车站		2.3.2~2.3.23 所列图例宜供宏观规划时使用，并不反映实际地形及形态。需区分现状与规划时，可用单线方框表示现状设施，双线方框表示规划设施
2.3.3	火车站		
2.3.4	飞机场		
2.3.5	码头、港口		
2.3.6	缆车站		
2.3.7	停车场	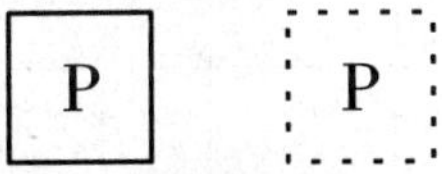 P P	室内停车场外框用虚线表示
2.3.8	加油站		
2.3.9	医疗设施点		
2.3.10	公共厕所	 W.C.	
2.3.11	文化娱乐点		
2.3.12	旅游宾馆		
2.3.13	度假村、休养所		
2.3.14	疗养院		

续表

序号	名称	图例	说明
2.3.15	银行		包括储蓄所、信用社、证券公司等金融机构
2.3.16	邮电所(局)		包括公用电话亭、所、局等
2.3.17	公用电话点		
2.3.18	餐饮点		
2.3.19	风景区管理站(处、局)		
2.3.20	消防站、消防专用房间		
2.3.21	公安、保卫站		包括各级派出所、处、局等
2.3.22	气象站		
2.3.23	野营地		

2.4　运动游乐设施

序号	名称	图例	说明
2.4.1	天然游泳场		
2.4.2	水上运动场		
2.4.3	游乐场		
2.4.4	运动场		

续表

序号	名称	图例	说明
2.4.5	跑马场		
2.4.6	赛车场		
2.4.7	高尔夫球场		

2.5 工程设施

序号	名称	图例	说明
2.5.1	电视差转台		
2.5.2	发电站		
2.5.3	变电所		
2.5.4	给水厂		
2.5.5	污水处理厂		
2.5.6	垃圾处理站		
2.5.7	公路、汽车游览路		上图以双线表示,用中实线; 下图以单线表示,用粗实线
2.5.8	小路、步行游览路		上图以双线表示,用细实线; 下图以单线表示,用中实线

续表

序号	名称	图例	说明
2.5.9	山地步游小路	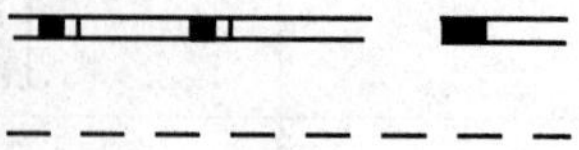	上图以双线加台阶表示，用细实线；下图以单线表示，用虚线
2.5.10	隧道	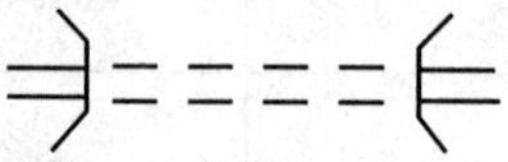	
2.5.11	架空索道线	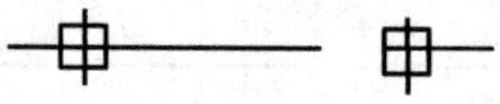	
2.5.12	斜坡缆车	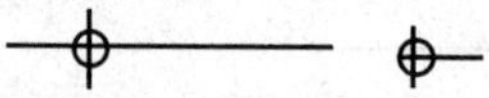	
2.5.13	高架轻轨线	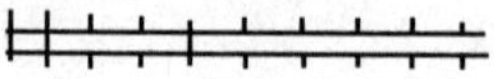	
2.5.14	水上游览线		细虚线
2.5.15	架空电力电讯线	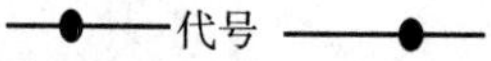 ●——代号——●	粗实线中插入管线代号，管线代号按现行国家有关标准的规定标注
2.5.16	管线	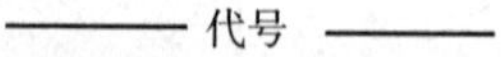 ——代号——	

2.6 用地类型

序号	名称	图例	说明
2.6.1	村镇建设地	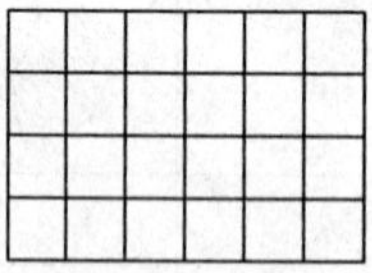	
2.6.2	风景游览地		图中斜线与水平线成45°角
2.6.3	旅游度假地		

续表

序号	名称	图例	说明
2.6.4	服务设施地		
2.6.5	市政设施地		
2.6.6	农业用地		
2.6.7	游憩、观赏绿地		
2.6.8	防护绿地		
2.6.9	文物保护地		包括地面和地下两大类,地下文物保护地外框用虚线表示
2.6.10	苗圃花圃用地		
2.6.11	特殊用地		
2.6.12	针叶林地		2.6.12~2.6.17表示林地的线形图例中也可插入 GB7929—1987 的相应符号。需区分天然林地、人工林地时,可用细线界框表示天然林地,粗线界框表示人工林地
2.6.13	阔叶林地		

续表

序号	名称	图例	说明
2.6.14	针阔混交林地		
2.6.15	灌木林地		
2.6.16	竹林地		
2.6.17	经济林地		
2.6.18	草原、草甸		

3 园林绿地规划设计图例

3.1 建筑

序号	名称	图例	说明
3.1.1	规划的建筑物		用粗实线表示
3.1.2	原有的建筑物		用细实线表示
3.1.3	规划扩建的预留地或建筑物		用中虚线表示
3.1.4	拆除的建筑物		用细实线表示

续表

序号	名称	图例	说明
3.1.5	地下建筑物		用粗虚线表示
3.1.6	坡屋顶建筑	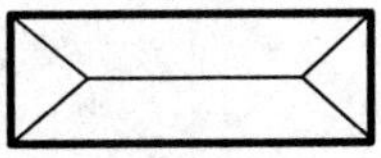	包括瓦顶、石片顶、饰面砖顶等
3.1.7	草顶建筑或简易建筑	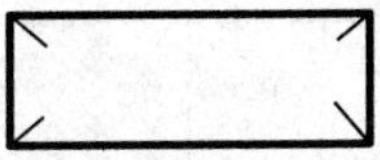	
3.1.8	温室建筑	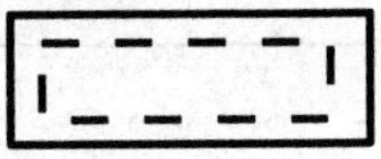	

3.2 山石

序号	名称	图例	说明
3.2.1	自然山石假山		
3.2.2	人工塑石假山		
3.2.3	土石假山		包括"土包石"、"石包土"及土假山
3.2.4	独立景石		

3.3 水体

序号	名称	图例	说明
3.3.1	自然形水体		
3.3.2	规则形水体		

195

续表

序号	名称	图例	说明
3.3.3	跌水、瀑布		
3.3.4	旱涧		
3.3.5	溪涧		

3.4 小品设施

序号	名称	图例	说明
3.4.1	喷泉		仅表示位置,不表示具体形态,下同也可依据设计形态表示
3.4.2	雕塑		
3.4.3	花台		
3.4.4	座凳	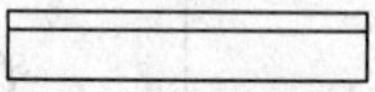	
3.4.5	花架		
3.4.6	围墙	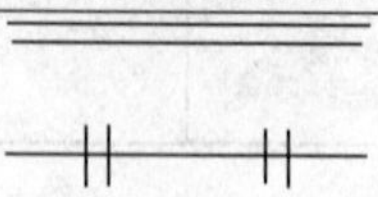	上图为实砌或漏空围墙; 下图为栅栏或篱笆围墙
3.4.7	栏杆	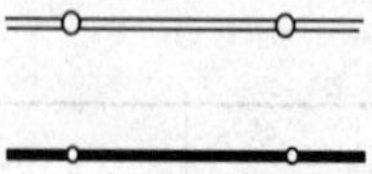	
3.4.8	园灯		
3.4.9	饮水台		
3.4.10	指示牌		

3.5 工程设施

序号	名称	图例	说明
3.5.1	护坡	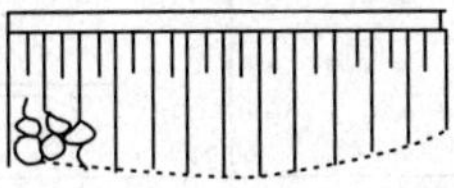	
3.5.2	挡土墙	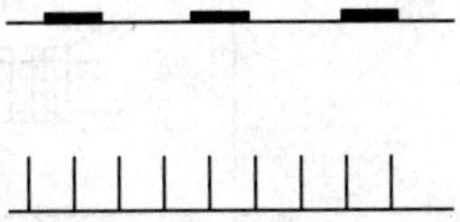	突出的一侧表示被挡土的一方
3.5.3	排水明沟	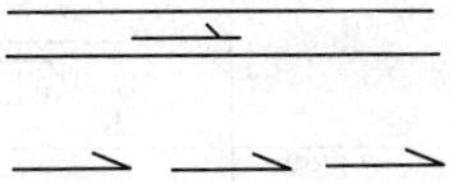	上图用于比例较大的图面；下图用于比例较小的图面
3.5.4	有盖的排水沟	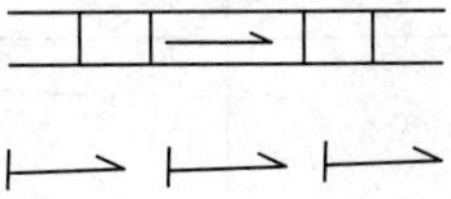	上图用于比例较大的图面；下图用于比例较小的图面
3.5.5	雨水井		
3.5.6	消火栓井		
3.5.7	喷灌点		
3.5.8	道路	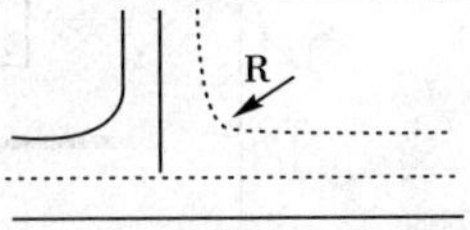	
3.5.9	铺装路面	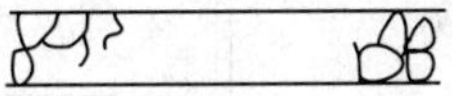	
3.5.10	台阶		箭头指向表示向上
3.5.11	铺砌场地	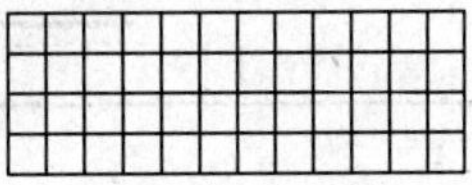	也可依据设计形态表示

续表

序号	名称	图例	说明
3.5.12	车行桥	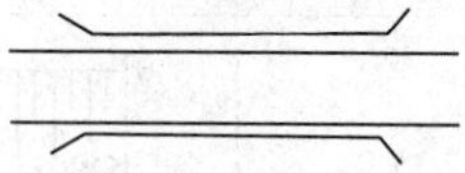	也可依据设计形态表示
3.5.13	人行桥	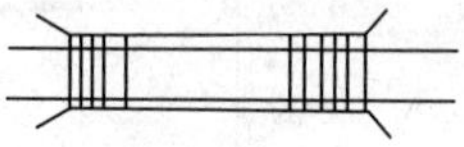	也可依据设计形态表示
3.5.14	亭桥	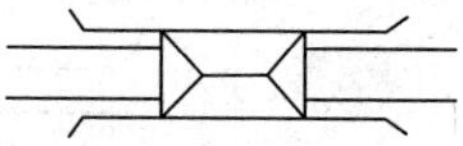	
3.5.15	铁索桥	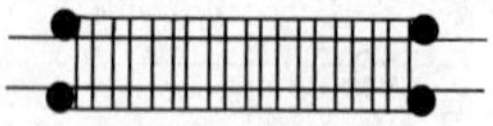	
3.5.16	汀步	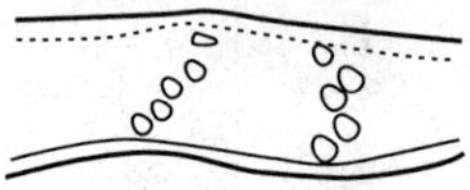	
3.5.17	涵洞	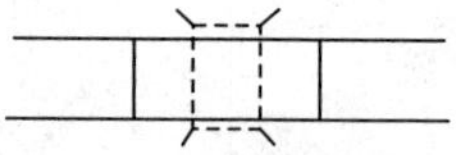	
3.5.18	水闸	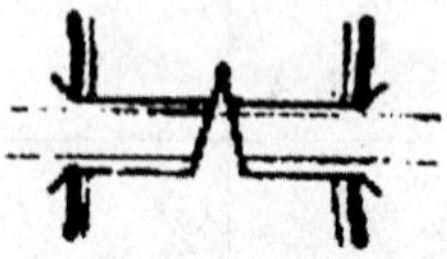	
3.5.19	码头	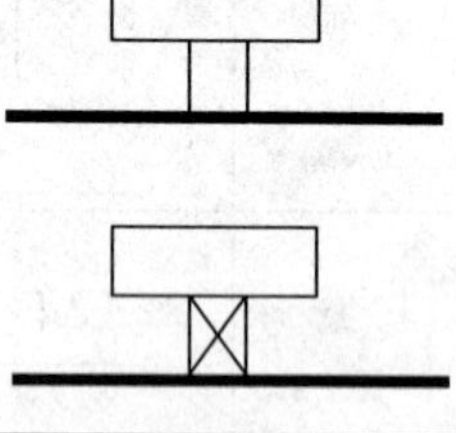	上图为固定码头； 下图为浮动码头
3.5.20	驳岸	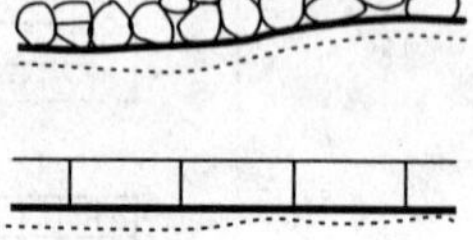	上图为假山石自然式驳岸； 下图为整形砌筑规划式驳岸

3.6 植物

序号	名称	图例	说明
3.6.1	落叶阔叶乔木		3.6.1～3.6.14 中落叶乔、灌木均不填斜线；常绿乔、灌木加画 45°细斜线。阔叶树的外围线用弧裂形或圆形线；针叶树的外围线用锯齿形或斜刺形线。 乔木外形呈圆形；灌木外形呈不规则形；乔木图例中粗线小圆表示现有乔木，细线小十字表示设计乔木。 灌木图例中黑点表示种植位置。凡大片树林可省略图例中的小圆、小十字及黑点
3.6.2	常绿阔叶乔木		
3.6.3	落叶针叶乔木		
3.6.4	常绿针叶乔木		
3.6.5	落叶灌木		
3.6.6	常绿灌木		
3.6.7	阔叶乔木疏林		
3.6.8	针叶乔木疏林		常绿林或落叶林根据图面表现的需要加或不加 45°细斜线
3.6.9	阔叶乔木密林		
3.6.10	针叶乔木疏林		

续表

序号	名称	图例	说明
3.6.11	落叶灌木疏林		
3.6.12	落叶花灌木疏林		
3.6.13	常绿灌木密林		
3.6.14	常绿花灌木密林		
3.6.15	自然形绿篱		
3.6.16	整形绿篱		
3.6.17	镶边植物		
3.6.18	一、二年生草本花卉		
3.6.19	多年生及宿根草本花卉		
3.6.20	一般草皮		
3.6.21	缀花草皮		
3.6.22	整形树木		

续表

序号	名称	图例	说明
3.6.23	竹丛		
3.6.24	棕榈植物		
3.6.25	仙人掌植物		
3.6.26	藤本植物		
3.6.27	水生植物		

4 树木形态图示

4.1 枝干形态

序号	名称	图例	说明
4.1.1	主轴干侧分枝形		
4.1.2	主轴干无分枝形		

续表

序号	名称	图例	说明
4.1.3	无主轴干多枝形		
4.1.4	无主轴干垂枝形		
4.1.5	无主轴干丛生形		
4.1.6	无主轴干匍匐形		

4.2 树冠形态

序号	名称	图例	说明
4.2.1	圆锥形		树冠轮廓线,凡针叶树用锯齿形表示;凡阔叶树用弧裂形表示
4.2.2	椭圆形		
4.2.3	圆球形		

续表

序号	名称	图例	说明
4.2.4	垂枝形		
4.2.5	伞形		
4.2.6	匍匐形		

三、《房屋建筑制图统一标准》(GB/T50001－2010)(节选)

12.1 常用建筑材料图例

序号	名称	图例	备注
1	自然土壤		包括各种自然土壤
2	夯实土壤		包括利用各种回填土进行夯实的土壤
3	砂、灰土		靠近轮廓线绘较密的点
4	砂砾石、碎砖、三合土		此图可表示砂砾石、碎砖、三合土等3类
5	天然石材		包括岩层、砌体、铺地、贴面等材料
6	毛石		包括各种乱毛石与平毛石
7	普通砖		包括实心砖、多孔砖、砌块等砌体。断面较窄不易绘出图例线时,可涂红
8	耐火砖		包括耐酸砖等砌体
9	空心砖		指非承重砖砌体
10	饰面砖		包括铺地砖、陶瓷锦砖、人造大理石等

续表

序号	名称	图例	备注
11	焦渣、矿渣		包括与水泥、石灰等混合而成的材料
12	混凝土		(1) 本图例指能承重的混凝土及钢筋混凝土；
13	钢筋混凝土	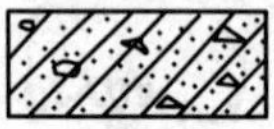	(2) 包括各种强度等级、含不同骨料和添加剂的混凝土； (3) 在剖面图上画出钢筋时，不画图例线； (4) 断面图形小、不易画出图例线时，可涂黑
14	多孔材料		包括水泥珍珠岩、沥青珍珠岩、泡沫混凝土、非承重加气混凝土、软木、蛭石制品等
15	纤维材料	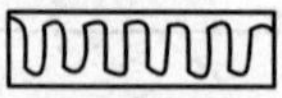	包括矿棉、岩棉、玻璃棉、麻丝、木丝板、纤维板等
16	泡沫塑料材料	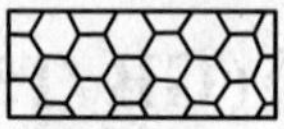	包括聚苯乙烯、聚乙烯、聚氨酯等多孔聚合物类材料
17	木材	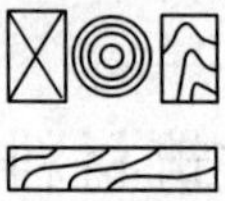	(1) 上图为横断面，上左图为垫木、木砖或木龙骨； (2) 下图为纵断面
18	胶合板		应注明为×层胶合板
19	石膏板	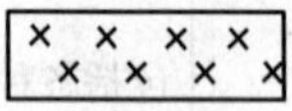	包括圆孔或方孔石膏板、防水石膏板等
20	金属		(1) 包括各种金属； (2) 图形小时，可涂黑
21	网状材料		(1) 包括金属、塑料网状材料； (2) 应注明具体材料名称
22	液体	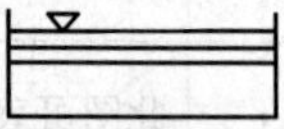	应注明具体液体名称
23	玻璃		包括平板玻璃、磨砂玻璃、夹丝玻璃、钢化玻璃、中空玻璃、加层玻璃、镀膜玻璃等
24	橡胶		包括各种天然橡胶和合成橡胶
25	塑料		包括各种软、硬塑料及有机玻璃等
26	防水材料		构造层次多或比例大时，采用上面图例
27	粉刷	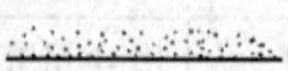	本图例采用较稀的点

注：序号 1、2、5、7、8、13、14、16、17、18 图例中的斜线、短斜线、交叉斜线等的倾斜角均为 45°。

12.2 工程图纸的编号

12.2.1 工程图纸编号应符合的规定

(1)工程图纸根据不同的子项(区段)、专业、阶段等进行编排,宜按照设计总说明、平面图、立面图、剖面图、大样图(大比例视图)、详图、清单、简图的顺序编号。

(2)工程图纸编号应使用汉字、数字和连字符"-"的组合。

(3)在同一工程中,应使用统一的工程图纸编号格式,工程图纸编号应自始至终保持不变。

12.2.2 工程图纸编号格式应符合的规定

(1)工程图纸编号可由区段代码、专业缩写代码、阶段代码、类型代码、序列号、更改代码和更新版本序列号等组成(附图1),其中区段代码、专业缩写代码、阶段代码、类型代码、序列号、更改代码和更新版本序列号可根据需要设置。区段代码与专业缩写代码、阶段代码与类型代码、序列号与更改代码之间用连字符"-"分隔开。

(2)区段代码用于工程规模较大、需要划分子项或分区段时,区别不同的子项或分区,由2~4个汉字和数字组成。

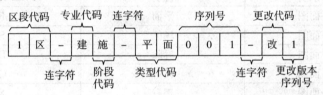

附图1 工程图纸编号格式

(3)专业缩写代码用于说明专业类别(如建筑等),由1个汉字组成;宜选用本标准附录A所列出的常用专业缩写代码。

(4)阶段代码用于区别不同的设计阶段,由1个汉字组成;宜选用本标准附录A所列出的常用阶段代码。

(5)类型代码用于说明工程图纸的类型(如楼层平面图),由2个字符组成;宜选用本标准附录A所列出的常用类型代码。

(6)序列号用于标识同一类图纸的顺序,由001~999任意3位数字组成。

(7)更改代码用于标识某张图纸的变更图,用汉字"改"表示。

(8)更改版本序列号用于标识变更图的版次,由1~9任意1位数字表示。

A-1 常用专业代码列表

专业	专业代码名称	英文专业代码名称	备注
总图	总	G	含总图、景观、测量/地图、土建
建筑	建	A	含建筑、室内设计

续表

专业	专业代码名称	英文专业代码名称	备 注
结构	结	S	含结构
给水排水	水	P	含给水、排水、管道、消防
暖通空调	暖	M	含采暖、通风、空调、机械
电气	电	E	含电气(强电)、通讯(弱电)、消防

A-2 常用阶段代码列表

设计阶段	阶段代码名称	英文阶段代码名称	备注
可行性研究	可	S	含预可行性研究阶段
方案设计	方	C	
初步设计	初	P	含扩大初步设计阶段
施工图设计	施	W	

A-3 常用类型代码列表

图纸文件类型	类型代码名称	英文类型代码名称
图纸目录	目录	CL
设计总说明	说明	NT
楼层平面图	平面	FP
场区平面图	场区	SP
拆除平面图	拆除	DP
设备平面图	设备	QP
现有平面图	现有	XP
立面图	立面	EL
剖面图	剖面	SC
大样图(大比例视图)	大样	LS
详图	详图	DT
三维视图	三维	3D
清单	清单	SH
简图	简图	DG

B-2 常用总图专业图层名称列表

图层	中文名称	英文名称	说明
总平面图	总图—平面	G—SITE	
红线	总图—平面—红线	G—SITE—REDL	建筑红线
外墙线	总图—平面—墙线	G—SITE—WALL	
建筑物轮廓线	总图—平面—建筑	G—SITE—BOTL	
构筑物	总图—平面—构筑	G—SITE—STRC	
总平面标注	总图—平面—标注	G—SITE—IDEN	总平面图尺寸标注及标注文字
总平面文字	总图—平面—文字	G—SITE—TEXT	总平面图说明文字

续表

图层	中文名称	英文名称	说明
总平面坐标	总图—平面—坐标	G—SITE—CODT	
交通	总图—交通	G—DRIV	
道路中线	总图—交通—中线	G—DRIV—CNTR	
道路竖向	总图—交通—竖向	G—DRIV—GRAD	
交通流线	总图—交通—流线	G—DRIV—FLWL	
交通详图	总图—交通—详图	G—DRIV—DTEL	交通道路详图
停车场	总图—交通—停车场	G—DRIV—PRKG	
交通标注	总图—交通—标注	G—DRIV—IDEN	交通道路尺寸标注及标注文字
交通文字	总图—交通—文字	G—DRIV—TEXT	交通道路说明文字
交通坐标	总图—交通—坐标	G—DRIV—CODT	
景观	总图—景观	G—LSCP	园林绿化
景观标注	总图—景观—标注	G—LSCP—IDEN	园林绿化标注及标注文字
景观文字	总图—景观—文字	G—LSCP—TEXT	园林绿化说明文字
景观坐标	总图—景观—坐标	G—LSCP—CODT	
管线	总图—管线	G—PIPE	
给水管线	总图—管线—给水	G—PIPE—DOMW	给水管线说明文字、尺寸标注及标注文字、坐标
排水管线	总图—管线—排水	G—PIPE—SANR	排水管线说明文字、尺寸标注及标注文字、坐标
供热管线	总图—管线—供热	G—PIPE—HOTW	供热管线说明文字、尺寸标注及标注文字、坐标
燃气管线	总图—管线—燃气	G—PIPE—GASS	燃气管线说明文字、尺寸标注及标注文字、坐标
电力管线	总图—管线—电力	G—PIPE—POWR	电力管线说明文字、尺寸标注及标注文字、坐标
通讯管线	总图—管线—通讯	G—PIPE—TCOM	通讯管线说明文字、尺寸标注及标注文字、坐标
注释	总图—注释	G—ANNO	
图框	总图—注释—图框	G—ANNO—TTLB	图框及图框文字
图例	总图—注释—图例	G—ANNO—LEGN	图例与符号
尺寸标注	总图—注释—尺寸	G—ANNO—DIMS	尺寸标注及标注文字
文字说明	总图—注释—文字	G—ANNO—TEXT	总图专业文字说明
等高线	总图—注释—等高线	G—ANNO—CNTR	道路等高线、地形等高线
背景	总图—注释—背景	G—ANNO—BGRD	
填充	总图—注释—填充	G—ANNO—PATT	图案填充
指北针	总图—注释—指北针	G—ANNO—NARW	

参考文献

[1] 李晓东. 建筑识图与构造[M]. 北京:高等教育出版社,2012.

[2] 王晓婷,明毅强. 园林制图与识图[M]. 北京:中国电力出版社,2009.

[3] 赵国斌. 手绘效果图表现技法——景观设计[M]. 福建:福建美术出版社,2006.

[4] 胡艮环. 景观表现教程[M]. 杭州:中国美术学院出版社,2010.

[5] 常会宁. 园林制图[M]. 北京:中国农业大学出版社,2007.

[6] 谷康. 园林制图与识图[M]. 南京:东南大学出版社,2001.

[7] 李随文,刘达成. 园林制图[M]. 郑州:黄河水利出版社,2010.

[8] 张淑英. 园林工程制图[M]. 北京:高等教育出版社,2005.

[9] 武佩牛. 园林建筑材料与构造[M],北京:中国建筑出版社,2007.